ASTRONOMÍA
IMPRESCINDIBLE PARA CURIOSOS

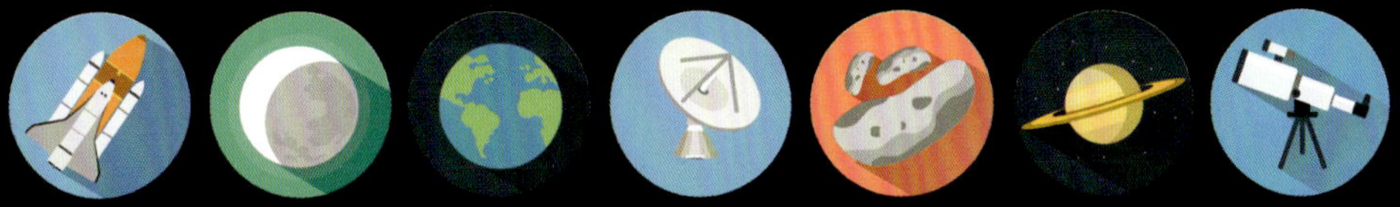

Rosa Mª. Herrera

LIBSA

A Gabriel, Simon, Bruno, Adrián y Tarek, que moran en mi cielo personal.
A Pedro.
A la memoria de Mary Geles y Juan.

© 2017, Editorial LIBSA
C/ San Rafael, 4
28108 Alcobendas (Madrid)
Tel.: 91 657 25 80
Fax: 91 657 25 83
e-mail: libsa@libsa.es
www.libsa.es

TEXTOS: Rosa Mª. Herrera
EDICIÓN: equipo editorial Libsa
DISEÑO DE CUBIERTA: equipo de diseño Libsa
MAQUETACIÓN: equipo de maquetación Libsa
IMÁGENES E ILUSTRACIONES: Shutterstock Images y archivo Libsa

ISBN: 978-84-662-3363-7

DL: M 39371-2016

CRÉDITOS FOTOGRÁFICOS. Pag 144 (imagen superior) © Holbox / Shutterstock.com, pag 145 (imagen inferior) © Holbox / Shutterstock.com. Las imágenes de este proyecto han sido cedidas por las agencias e instituciones: NASA, ESA, JPL, SOHO, Carnegie Institution of Washington, ESO, AOES Medialab, USGS, ASU, GSFC, UCLA, DLR, IDA, Space Science Institute, STScl, JHUAPL, CXC, SAO, Instituto de Astrofísica de Andalucía, España, CTIO, Penn State University, Instituto de Astronomía y Física del Espacio del Consejo Nacional de Investigaciones Científica y Técnicas (COCINET), Argentina, Ames Research Center, NGST

ABREVIATURAS DE CRÉDITOS FOTOGRÁFICOS:
ASU: Arizona State University
CTIO: The Cerro Tololo Inter-American Observatory
CXC: Chandra X-ray Center
DLR: Deutsches Zentrum für Luft-und Raumfahrt
ESA: European Space Agency (Agencia Espacial Europea)
ESO: European Southern Observatory
GSFC: Goddard Space Flight Center
IDA: International Docking Adapter
JHUAPL: Johns Hopkins University Applied Physics Laboratory
JPL: Jet Propulsion Laboratory
NASA: National Aeronautics and Space Administration (Administración Nacional de la Aeronáutica y del Espacio)
NGST: The Next Generation Space Telescope
SAO: Smithsonian Astrophysical Observatory
SOHO: Solar and Heliospheric Observatory
STScl: Space Telescope Science Institute
UCLA: University of California, Los Angeles
USGS: U.S. Geological Survey

Contenido

Presentación, 4
El Sistema Solar, 6
El Sol, 8
Mercurio, 10
Venus, 12
La Tierra, 14
La Luna, 18
Marte, 22
El Cinturón de Asteroides, 24
Júpiter, 26
Saturno, 28
Urano, 32
Neptuno, 34
Pequeños planetas, 36
Cometas, 38
Resonancias orbitales, 40
Trayectorias, 42
Viento solar, 44
Cinturón de Kuiper y Nube de Oort, 46
Eclipses y auroras, 48
Otros fenómenos curiosos, 50
Zonas horarias, 52
Calendario, 54
Estrellas, 56
Cúmulos estelares, 64
Galaxias, 66
La Vía Láctea, 74
Andrómeda y Triángulo, 76
Galaxias M64, M81, M82, M100 y M87, 78
Nebulosas, 80
Las Nubes de Magallanes, 86
Cosmología antigua, 88
Geocentrismo vs Heliocentrismo, 90
Big Bang, 92
La materia en el cosmos, 94
Origen del Universo, 96
La gravedad, 98
Nacimiento de la Astrofísica, 100
Astronomía actual, 102
Materia oscura, 104
Enanas marrones, 106
Universo luminoso, 108
Ondas gravitacionales, 110
Exoplanetas, 112
Astrobiología, 114
Las constelaciones, 116
- Constelaciones del hemisferio norte y latitudes medias, 118
- Constelaciones del hemisferio sur, 126
- Constelaciones del Zodiaco, 134

Instrumentos de observación, 140
Dispositivos de estudio, 146
Satélites artificiales, 148
Lanzaderas, 150
Astronomía en la vida cotidiana, 152
Estación Espacial Internacional , 154
Autopistas espaciales, 156
Viajes lejanos, 158
Bibliografía, 160

Presentación

Henri Poincaré (1854-1912) escribió a propósito de la Astronomía:
[…] «L 'Astronomie est utile parce qu'elle nous élève au dessus de nous mêmes ; elle est utile parce qu'elle est grande ; elle est utile parce qu'elle est belle ; voilà c'est qu'il faut dire. C'est elle qui nous montre combien l'homme est petit par le corps et combien il est grande par l'esprit, puisque cette inmensité èclatante où son corps n'est qu'un point obscur, son intelligence peut l'embrasser toute entière et en goûter la silencieuse harmonie. Nous atteignons ainsi à la conscience de notre force.» […]

[…] «La Astronomía es útil porque nos eleva por encima de nosotros mismos; es útil porque es grande; es útil porque es bella; esto es todo lo que es preciso decir. Es ella la que nos muestra cuán pequeño es el hombre por el cuerpo y cuán grande por el espíritu, en esta resplandeciente inmensidad en la cual su cuerpo no es más que un pequeño punto oscuro, mientras que su inteligencia puede abarcarla enteramente y disfrutar la silenciosa armonía. Alcanzamos así la conciencia de nuestra fortaleza». […]

Este libro está escrito pensando en aquellos que no se resignan a vivir mirando solo el suelo y para quienes saben que el cielo es más grande que nuestros sueños.

Cada uno de los apartados es un viaje emprendido con la imaginación, que es el primer paso para hacer cualquier tipo de aventura. El viaje físico al mundo exterior, al menos por el momento, está vedado para la mayoría de nosotros. Pero quién sabe lo que el futuro nos deparará.

El trabajo está estructurado en pequeños bloques temáticos. Empezamos por aproximarnos a los cuerpos del Sistema Solar, que es nuestro entorno inmediato, del que todavía nos faltan muchas cosas por saber y que nunca deja de sorprendernos. Seguidamente también visitamos las estructuras más importantes de este Universo que poco a poco vamos conociendo, las estrellas, las superestructuras galácticas, las nebulosas, las enanas marrones, los agujeros negros... Y en definitiva todos los nuevos descubrimientos

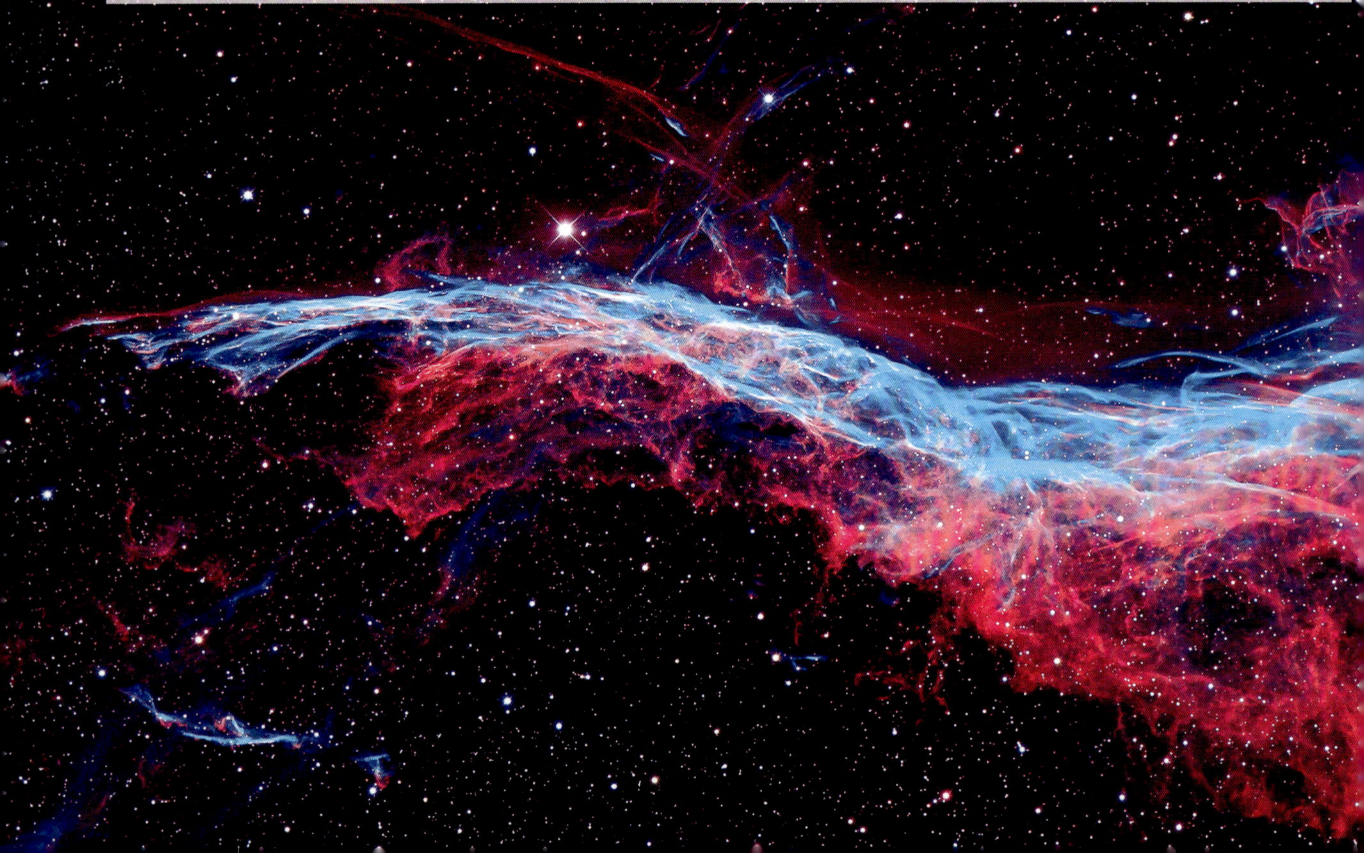

que van emergiendo y aumentando nuestro asombro. Un ejemplo reciente es el hallazgo de exoplanetas (planetas en la Vía Láctea, externos a nuestro sistema planetario), o la curiosidad de búsqueda de la vida más allá...

Este trabajo es para quienes están interesados en saber cómo se formaron las constelaciones que proceden en su mayoría de tiempos antiguos; desde siempre, elementos míticos y religiosos confluyen en el estudio del cielo. En parte combinan el afán de conocer y comprender con las creencias más arraigadas, cuando las fronteras entre el conocimiento racional y otras formas de acercamiento a la naturaleza estaban menos delimitadas. Pero también avanzando un poco en la historia sirvieron como ayuda a navegantes. Esto nos ofrece la visión más clásica del espacio exterior, que también nos enseña a ver cómo pensaban nuestros antepasados.

La cosmología es una parte importante de nuestro recorrido, el estudio de las ideas esenciales en la construcción de nuestro conocimiento del mundo, las leyes de la Física que rigen en el cielo son las mismas que en la Tierra, como nos enseñaron nuestros maestros y por tanto comprender algunos de los procesos y estructuras fundamentales del Universo es importante. También es bonito reseñar el ingenio humano dedicado a la construcción de dispositivos, materiales y herramientas para observar, medir, viajar y en definitiva aprender, seguir aprendiendo y mejorando.

La Astronomía no se agota en sí misma, es el compendio de todo el afán humano por alcanzar la felicidad, y abarca el arte, al ciencia, el pensamiento, la observación, la aventura, la poesía; en definitiva, el sueño y la alegría de vivir.

Esto es solo un inicio, y espero que los lectores de esta sencilla introducción a la Astronomía se animen a continuar ahondando, porque la Astronomía es patrimonio de la humanidad: acerquémonos a ella con curiosidad, ya que es extremadamente difícil que nos decepcione.

Quiero finalizar esta presentación agradeciendo a Ángela Morales y todo su equipo el cuidado en la edición y preparación de este trabajo. Y en fin, a todos los que de cerca o lejos me acompañan en este viaje astronómico que es la aventura de vivir en la Tierra nuestra, que nos alberga y transporta a pesar de nuestros incesantes desmanes; al fin y al cabo formamos parte de ella.

El Sistema Solar

El Sistema Solar es el conjunto de cuerpos celestes formado por el Sol (la estrella fuente de energía), el grupo de planetas con sus correspondientes satélites, anillos y otra gran cantidad de cuerpos menores como asteroides y cometas. A grandes rasgos, nuestro barrio estelar no se distingue especialmente de otras formaciones similares, salvo que para nosotros, los seres vivos, tiene un interés extraordinario...

El Sol es una estrella amarilla de la secuencia principal, o lo que es lo mismo, un astro esférico formado básicamente por hidrógeno y helio, en el cual constantemente se producen reacciones termonucleares que inundan de luz todo el Sistema Solar.

Su sistema planetario (Mercurio, Venus, Tierra, Marte, Júpiter, Saturno, Urano, Neptuno) es el conjunto de cuerpos más grandes obligados gravitatoriamente a orbitar a su alrededor según unas trayectorias elípticas de pequeña excentricidad; es decir, casi circulares; y otros objetos de menor tamaño, como ya se ha mencionado.

Excepto Mercurio y Venus, todos los planetas viajan unidos por atracción gravitatoria a satélites o lunas.

En la región situada entre Marte y Júpiter, miles de pequeños cuerpos rocosos forman el llamado Cinturón de Asteroides; otros cuerpos menores del Sistema Solar muy interesantes son los cometas.

Todos los planetas, además de moverse alrededor del Sol, giran sobre su eje de este a oeste, excepto Venus, que rota en sentido contrario, fenómeno que también se da en algunos satélites con respecto a sus planetas padres.

Los cuerpos que forman el Sistema Solar brillan únicamente gracias a la luz solar que reflejan y, por eso, desde la Tierra, solo se puede observar la parte de ellos que está expuesta al Sol. Los planetas cuyas órbitas son mayores que la de la Tierra nunca se interponen entre nuestro planeta y el Sol, y, por ese motivo, desde la posición terrestre se puede observar casi la totalidad del lado iluminado de estos planetas, mientras que aquellos cuyas órbitas alrededor del Sol tienen un radio menor (Mercurio y Venus), si se observan desde un punto de la Tierra presentan fases (análogas a las de la Luna, pero en otra escala temporal).

En general, los planetas más cercanos al Sol se suelen denominar planetas rocosos o interiores; aquí encontramos a Mercurio, Venus, la Tierra y Marte; a continuación se encuentra una estructura muy interesante llamada el Cinturón de Asteroides, y después, en orden de distancia, están los planetas gigantes gaseosos: Júpiter el mayor de todos los planetas, Saturno y sus anillos y más alejados, los gigantes helados Urano y Neptuno. También hay que contar que hay cometas de corto y largo periodo, pequeños planetas y en los confines del sistema se hallan la Nube de Oort, el cinturón de Edgeworth-Kuiper y regiones pobladas de cuerpos de menor tamaño.

Sabías que... Los planetas más densos y cercanos al Sol son el llamado sistema interior, y los de menor densidad en las zonas más alejadas en las que predominaban las sustancias heladas, el sistema exterior. Estos últimos capturaron gravitatoriamente las sustancias más ligeras, de las regiones más cercanas al Sol y crecieron mucho más que los pesados y próximos a la estrella.

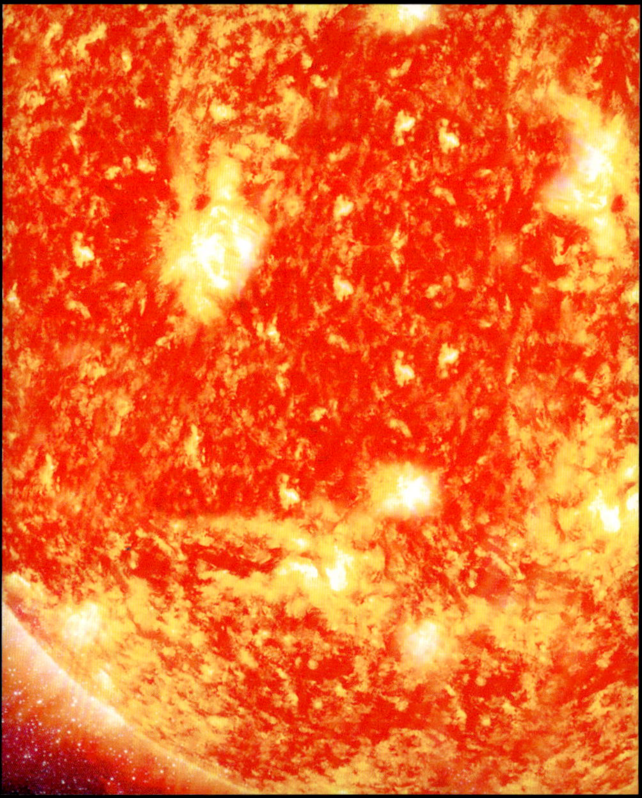

Ilustración que muestra el sistema planetario conocido más cercano al nuestro, llamado Epsilon Eridani.

LA FORMACIÓN DEL SISTEMA SOLAR

El conjunto formado por estos cuerpos y su estrella proveedora de energía se formó aproximadamente hace 4.600 millones de años, a partir del colapso gravitatorio de una nube interestelar junto con el material que aportaron algunas supernovas próximas. Al mismo tiempo que esta nube se iba contrayendo, su temperatura no cesaba de elevarse y posteriormente empezó a girar sobre sí misma, formándose una especie de disco alrededor del cuerpo que más tarde llegaría a constituir el Sol. Después empezó el enfriamiento, a medida que este proceso avanzaba, se iban formando granos de polvo; de este modo, los primeros en condensarse fueron los distintos tipos de minerales, como silicatos y otros. Finalmente, los últimos en formar estructuras consistentes fueron las distintas sustancias heladas, como agua, amoniaco, etc.

Las partículas de polvo por un proceso de acumulación y tras sucesivos choques dieron lugar a los planetas y satélites.

SITUACIÓN DEL SISTEMA SOLAR EN EL ESPACIO

El Sol y el listado de objetos que hemos enunciado someramente configuran un sistema estelar en el que todos los cuerpos están unidos solidariamente al astro. El Sistema Solar forma parte de una galaxia de tipo espiral llamada Vía Láctea y se sitúa en uno de los brazos de la espiral, que a su vez es uno de los componentes del llamado Grupo Local de Galaxias. El Sol (y por tanto su sistema) se halla situado aproximadamente a dos terceras partes del centro de dicha galaxia, y gira alrededor de la misma a una velocidad de 250 km/s. Este movimiento es común a los millones de estrellas que componen la Vía Láctea y evita que se colapsen gravitatoriamente hacia su centro. Además de este movimiento de rotación, el Sol, como las otras estrellas, se mueve respecto a sus vecinas.

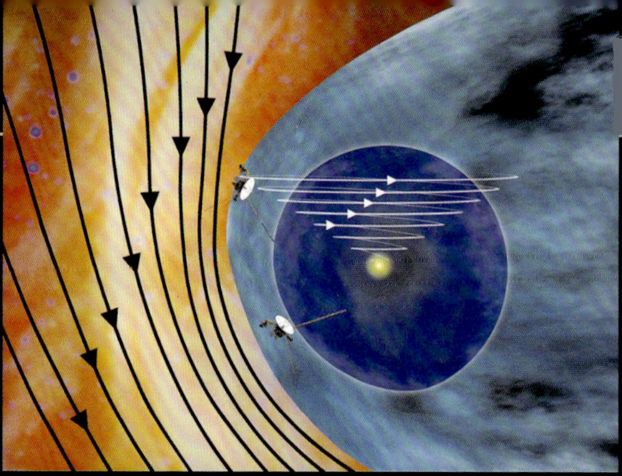
Esta ilustración muestra las diferentes direcciones de los campos magnéticos en el espacio interestelar (líneas negras) y el campo magnético que emana de nuestro Sol (líneas blancas).

El Sol

El Sol es el primer astro de nuestro sistema planetario y la estrella más cercana a la Tierra. Como es la estrella que dirige el movimiento de todo el sistema, es un astro único, a diferencia de los demás componentes del sistema: planetas, satélites, asteroides, cometas... que son numerosos.

Como todas las estrellas, es un globo esférico de gas muy caliente que se mantiene en equilibrio como resultado de la acción de dos fuerzas opuestas: la gravitatoria, que tiende a colapsar la bola hacia su centro, y la fuerza ejercida por la presión de la energía que se genera en su centro y que se propaga al exterior. Así suministra energía a todo el sistema de planetas, satélites y los demás cuerpos unidos a él gravitatoriamente.

Los materiales básicos que forman el Sol son elementos químicos ligeros (hidrógeno, 92,1% y helio, 7,8%). Nació a partir de nubes de gas y polvo, y restos de otras estrellas. Su edad es de unos 4.500 millones de años terrestres, ya está en su madurez y le quedan aproximadamente 5.000-7.000 millones de años de vida más.

Será oficialmente una estrella anciana cuando haya consumido todo su hidrógeno, aunque todavía continuará quemando el helio producido y esta combustión dará lugar a otros elementos más pesados, como carbono; la estrella empezará a crecer y a perder calor y entrará en la etapa gigante roja y su radio aumentará hasta casi desaparecer; esto es así porque al crecer la estrella se enfría y ya no llegará suficiente energía a planetas como el nuestro. Para entonces, quizá nuestro planeta haya desaparecido antes por otros motivos relacionados con la inestabilidad de las órbitas de los planetas más cercanos al Sol. La fase final es incierta, pero debe tener dimensiones colosales, terribles y hermosas al mismo tiempo. La estimación es que la estrella acabará convertida en una enana blanca.

Sabías que... Comparando los datos de la estrella con los de la Tierra, su masa es unas 332.000 veces la de nuestro planeta, su volumen es 1.300.000 veces mayor, su diámetro aproximadamente 110 veces superior, su densidad es 0,255 veces la terrestre y su gravedad multiplica por 28 veces aquella en la que vivimos habitualmente. El Sol contiene más del 99% de la masa de todo el Sistema Solar, que pese a su gran tamaño está enormemente vacío.

EL ASPECTO DEL SOL

La superficie solar no es uniforme. Las regiones más oscuras o manchas solares no tienen forma estable ni tamaño determinado, crecen o disminuyen de forma constante, algunas duran días y otras meses. Como se ven con un fondo luminoso, parecen oscuras, pero sus temperaturas pueden ser de 4.000 ºC; son zonas donde el gas está un poco más «frío». Su número cambia en ciclos regulares de casi 11 años, crece hasta alcanzar un máximo y luego disminuye hasta desaparecer. Estos ciclos perturban el campo magnético terrestre, y se detectan como variaciones en la estructura de la ionosfera.

ESTRUCTURA INTERNA

En la parte más interna del Sol, el núcleo, se producen las reacciones de fusión del hidrógeno que origina el helio, su temperatura alcanza los 14.000.000 °C. A continuación está la zona radiativa, con temperaturas algo más bajas, 1.500.000 °C, y es la región en la que la energía se transmite por radiación hacia el exterior. La siguiente zona es la convectiva, donde se forman corrientes ascendentes y descendentes que transportan la energía hacia la fotosfera, (parte superficial del Sol a unos 5.500 °C). Tiene un espesor de unos 300 km, a esta temperatura toda la materia es gaseosa; por eso es difícil establecer una frontera entre esta región y la siguiente zona, la cromosfera (rojiza), que se eleva por encima de la fotosfera unos 1.000 km. Desde la Tierra, a 150 millones de kilómetros del Sol, distancia denominada Unidad Astronómica (UA), una superficie de 1 m^2 expuesta a los rayos verticales del Sol recibe una energía aproximada de 1,4 kW.

LA CORONA Y LAS PROTUBERANCIAS SOLARES, LAS ESPÍCULAS Y LOS GRÁNULOS

La corona es el halo de luz que rodea al disco solar. Está formada por partículas con carga eléctrica moviéndose velozmente; se ve durante los eclipses, aunque se extiende mucho más allá de lo que se aprecia en un eclipse total de Sol; sobrepasa la órbita terrestre, y forma el viento solar que alcanza todo el Sistema Solar.

- Las protuberancias solares son llamaradas ABOVEDADAS originadas en la corona y que se mantienen junto al Sol. Las llamadas filamentos se lanzan al espacio a gran velocidad.
- Las ESPÍCULAS son chorros gaseosos producidos en la cromosfera, se elevan a gran altura y acaban disolviéndose en la corona; van asociadas a los campos magnéticos solares.
- Los GRÁNULOS son manchas blancas y alargadas de la parte superior de las corrientes de convección.

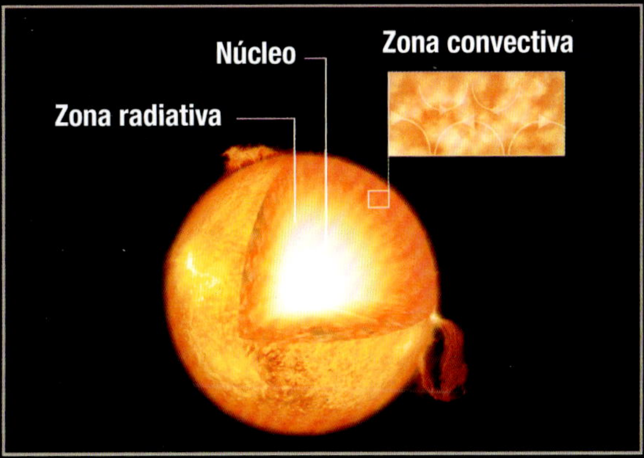

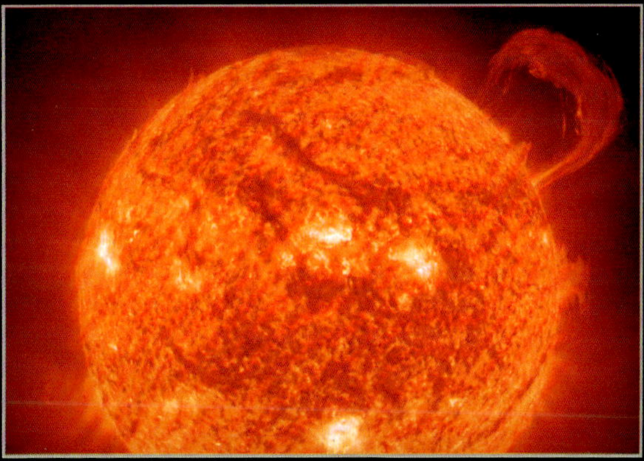

Mercurio

En nuestra «barriada planetaria», el planeta más próximo al Sol es Mercurio, y también el de menor tamaño. No hallándose tampoco excesivamente lejano al nuestro, no parece sin embargo que tenga muchas ventajas visitarlo muy de cerca, dado que no es muy amigable en cuanto a sus características físico-químicas, que no son en absoluto compatibles con la vida tal como la conocemos, ni siquiera en ninguna de sus formas más extremas.

Mercurio es brillante, pero su cercanía al Sol impide verlo durante el día, por eso el mejor momento para observarlo es a la salida del Sol y en el ocaso; además presenta fases, como la Luna, por estar su órbita comprendida entre el Sol y la órbita terrestre. Se halla envuelto en una atmósfera de carácter muy débil, que por tanto apenas suaviza los efectos de la radiación solar sobre la superficie planetaria, en consecuencia los contrastes entre las altas temperaturas (370 ºC) que alcanza la cara alumbrada debido a su lenta rotación (está mucho tiempo expuesta al Sol) descienden en la cara oscura mucho más que en ningún otro cuerpo del Sistema Solar interior (-180 ºC). Recordemos que el Sistema Solar interior es el que constituyen los planetas rocosos: Mercurio, Venus, Tierra y Marte. Y no solo en la diferencia de temperatura diurna-nocturna hemos de buscar grandes contrastes, Mercurio es un planeta extremo en muchos otros aspectos, además de ser el pequeño del grupo, es el más denso, el que presenta una superficie más antigua, y ostenta la categoría de planeta más rápido del Sistema Solar haciendo de este modo honor a su nombre, Mercurio, que entre los romanos era el mensajero de los dioses. La gravedad en su superficie es mucho menor que la de nuestro planeta: se sitúa en el 38% de la gravedad terrestre. El planeta es de estructura rocosa y está formada por rocas de silicatos con montañas y valles y numerosos cráteres debidos a golpes e impactos. Los geólogos planetarios estiman que el núcleo ocupa aproximadamente el 42% de su volumen (en la Tierra es el 17%), se trata de una masa fundida con un alto contenido en hierro, mayor que en cualquier otro planeta del Sistema. Esta masa está rodeada de un manto de silicatos de entre 500 y 700 km y

Recreación artística de la superficie de Mercurio usando una combinación de imágenes del Messenger.

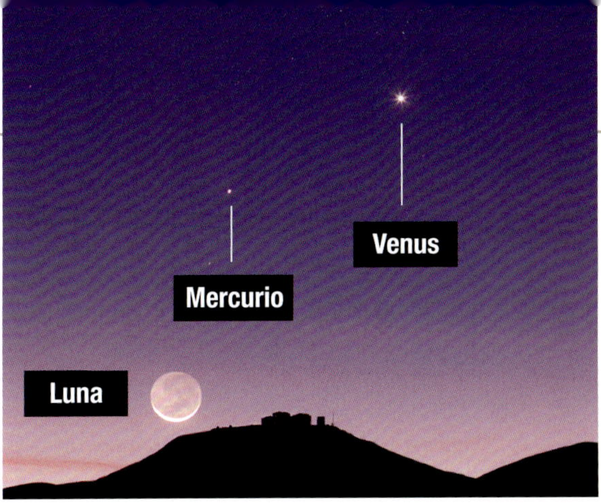

la corteza debe tener entre 100 km y 300 km de espesor. Este pequeño planeta cada 3 giros que realiza alrededor de su eje (3 días mercurianos) da 2 vueltas alrededor del Sol (2 años mercurianos). Así, 3 días duran 2 años. Esto técnicamente se expresa así: Mercurio está en resonancia spin-órbita (3 : 2) con el Sol.

UN PLANETA CONFLICTIVO

Es quizá uno de los planetas que ha dado más quebraderos de cabeza a los astrónomos durante siglos. Esto se debe a que a nuestros estudiosos antepasados les resultaba incomprensible su movimiento alrededor del Sol, que no encajaba bien con las predicciones teóricas de las leyes de Kepler. Tras mucho trabajo, Kepler en 1627 predijo por primera vez una fecha de paso de Mercurio por delante del Sol, con el margen de error de un día, basándose en las tablas que había elaborado con los datos recogidos de T. Brahe. Posteriormente algunos otros astrónomos también intentaron predecir las fechas de paso, pero parecía una tarea imposible de lograr con precisión, algunos se exasperaban enormemente porque invalidaba las leyes del movimiento de los planetas. De hecho, por eso se pensó durante mucho tiempo en la posibilidad de que existiera algún cuerpo planetario desconocido entre el Sol y Mercurio que no había sido detectado.

Sabías que… Mercurio presenta fases como la Luna, ya que está más cerca del Sol que la Tierra. La tenúe atmósfera de Mercurio impide la protección de la superficie planetaria y de ahí los contrastes de temperatura.
Una persona con sobrepeso desearía que su báscula estuviera en Mercurio por su baja gravedad, aunque su masa seguiría siendo la misma.

«VULCANO», EL PLANETA QUE NUNCA EXISTIÓ

Los estudiosos del cielo son pertinaces, y en siglos posteriores no se desanimaron y trataron de elaborar tablas de los paseos del pequeño y caprichoso Mercurio por delante del Sol. Los parámetros orbitales no había manera de encajarlos, en particular el perihelio (la máxima aproximación al Sol) se desviaba notablemente de lo previsto y así pensaron que quizá debía haber un planeta interpuesto entre la estrella y Mercurio.
Los astrónomos no pararon de investigar midiendo, buscando, prediciendo, estudiando las características del posible planeta interpuesto, al que bautizaron como «Vulcano».
En el siglo xx, la Teoría de la Relatividad General recompensó el esfuerzo de los astrónomos y proporcionó la corrección que explicaba las deficiencias de cálculo previas, ¡todo un logro empírico!, el primero de la relatividad general de Albert Einstein, gracias a las correcciones relativistas. Por fin el movimiento de Mercurio coincide en la teoría y en la práctica, ¡adiós Vulcano!, el planeta inexistente.

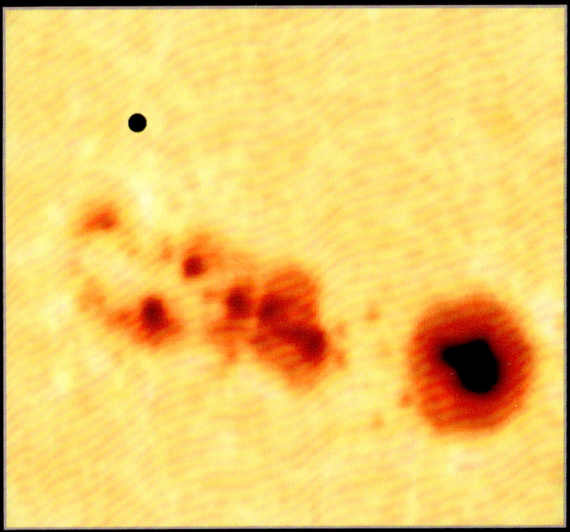

EL PLANETA HECHO PARA DESACREDITAR A LOS ASTRÓNOMOS

El maestro de Kepler, M. Maestlin (1550-1631), en 1577 ya había advertido con cierto sarcasmo que este planeta desacreditaba a los astrónomos. El mercurio (elemento químico de símbolo Hg) terrestre daba quebraderos de cabeza a los alquimistas y el Mercurio celeste a los astrónomos, decía otro astrónomo, G. Riccioli (1598-1671).

Venus

El planeta Venus es el tercer objeto más brillante de los que se ven en el cielo después del Sol y la Luna; brilla más que la estrella Sirius, que es la más intensa que existe a nuestro alcance. Como está algo más alejado del Sol que Mercurio, Venus se puede observar durante periodos más largos de tiempo, especialmente al amanecer y al anochecer.

ANALOGÍAS CON LA TIERRA

Galileo fue el primero que estudió Venus con un telescopio y observó que presentaba fases, como sucede con la Luna, y que su tamaño aparente cambia de manera cíclica.
Venus es el planeta que se asemeja más a la Tierra en su revolución; es decir, que lo hace de una forma bastante parecida a una circunferencia. Sin embargo, en estos periodos no es cuando mejor se aprecia su luminosidad porque presenta el lado oscuro hacia nuestro planeta. Su estructura también es muy similar a la Tierra: su tamaño, su masa, su densidad, su composición, su gravedad casi idéntica (aproximadamente 0,9 g) y, aunque la mayor parte de su superficie es bastante llana, existen áreas montañosas.

UN BRILLO QUE ES PURO VENENO

La atmósfera de este planeta oculta siempre su superficie porque contiene nubes de gran espesor que giran rápidamente constituyendo un mundo abrasador, con temperaturas que pueden fundir el plomo, y una presión atmosférica 90 veces superior a la de la Tierra. Además, los análisis de dicha atmósfera han revelado que la gran reflectividad del planeta se debe a que contiene gotas de ácido sulfúrico, indicio de gran actividad volcánica, y como consecuencia esta «desagradable» atmósfera sulfúrica está mezclada con dióxido de carbono y algunos restos de agua. Esta atmósfera tan espesa atrapa la radiación solar (y el calor) provocando temperaturas en la superficie superiores a los 470 ºC. La atmósfera corrosiva y densa y el movimiento de la atmósfera originan una gran erosión y un enorme desgaste en la superficie planetaria.
A pesar de que con estas temperaturas no hay sonda que resista, y de hecho las que han alcanzado el planeta han sido destruidas en poco tiempo, Venus es objeto de numerosos estudios y análisis realizados por las sondas espaciales. Por eso se sabe que es un planeta poco amigable.

El magnetómetro (MAG) a bordo de la ESA Venus Express detectó señales de onda que muestran evidencia de rayos en la atmósfera.

La Venus Express fue la primera misión en la que se dedujo las características de la propia atmósfera.

VENUS POR DENTRO

Conocemos poco sobre la estructura y la dinámica interna de Venus, la mayor parte de la información de la que disponemos es por comparación. Por su tamaño y densidad similares a los terrestres, se piensa que debería tener una estructura interna similar a la de nuestro planeta: núcleo, manto y corteza. Posiblemente el núcleo esté en estado líquido, o parcialmente líquido; el hecho de ser menor en tamaño sugiere una presión interna menor. Sin embargo, en Venus no existen placas tectónicas debido a la superficie y al manto secos. Este hecho también explica que el planeta pierda poco calor y no se enfríe.

EL NOMBRE DE VENUS

Este inhóspito anfitrión debe su nombre a la diosa romana de la belleza, el amor y la fertilidad. La distancia media desde el Sol a este planeta es de unos 108.208.930 km expresado en UA es 0,723 UA (recordemos que la Tierra se halla a 1 UA).

PRESENTE EN TODAS LAS CIVILIZACIONES

Su esplendorosa apariencia a nuestra vista es seguramente la causa de que este planeta fuera conocido por civilizaciones ancestrales, las cuales sabían probablemente de sus movimientos, apariciones y desapariciones. Se sabe, por ejemplo, que la civilización maya elaboró un calendario que incluía los ciclos de Venus. Dado que este planeta es uno de los tres que se pueden ver de día a simple vista (además de la Luna y el Sol), se suele designar con el poético nombre de lucero del alba o estrella de la mañana. En las noches en que también es visible (después de la Luna es el que más brilla), en algunos lugares se alude a él como lucero vespertino. Venus es el planeta que más se aproxima a la Tierra en su movimiento. El registro de mayor cercanía (a partir de la primera medición en 1800) data del 16 de diciembre de 1859.

AÑOS Y DÍAS

En el año de Venus, o expresado en términos técnicos, el periodo orbital es de unos 225 días terrestres, mientras que los días venusianos (su periodo de rotación) es de unos 243 días terrestres. Entre la duración y lo poco amigable que es su atmósfera, un viaje a Venus no se presenta en principio como un viaje de placer… La rotación de este planeta se efectúa de este a oeste, al contrario de la de los demás planetas (excepto Urano) que es de oeste a este y lo hace muy lentamente.

Tránsito de Venus visto desde Canberra, Australia, 2012.

Sabías que… En el cálculo de la evolución de las órbitas de Venus se contempla a muy largo plazo la posibilidad de un choque entre Venus y la Tierra o entre Venus y Marte. Pero eso, de ocurrir, no lo veremos nosotros...

La Tierra

A la pregunta sobre cuál es la diferencia entre la Tierra y los planetas vecinos y menos vecinos de nuestro sistema planetario, el Sistema Solar, la respuesta es que en el fondo no hay demasiados aspectos, aunque sí algunos muy importantes, al menos para los seres vivos.

En líneas generales, la Tierra es similar a los demás planetas del Sistema Solar interior. Es rocoso y muy denso, ya que los principales elementos que la integran son silicio, hierro y níquel, como sus vecinos más próximos; sin embargo, al mismo tiempo existen algunas diferencias cruciales y que contribuyen a explicar que nosotros estamos aquí, lo que convierte a este planeta en especial desde nuestro punto de vista. Por una parte, sus condiciones físicas son tales que permiten la coexistencia de agua en sus tres estados: sólido, líquido y gaseoso; y por otra, su atmósfera ha sido modificada por la acción de los organismos vivos que pueblan el planeta (se suele decir que la Tierra tiene una atmósfera secundaria).

MOVIMIENTOS Y POSICIÓN DE LA TIERRA EN EL SISTEMA SOLAR

Los datos astronómicos más relevantes de nuestro planeta son: su velocidad de giro en el ecuador es de 1.600 km/h y el tiempo que tarda en dar una vuelta completa 23 h 56 m 4,1 s; esta duración se llama «DÍA SIDÉREO». La rotación terrestre es la responsable de la alternancia día-noche. La Tierra describe una órbita completa alrededor del Sol que es una elipse muy poco excéntrica (casi un círculo, el radio mayor de la elipse mide un 3% más que el radio menor) en 365 días 6 h 9 m y 9,5 s (año sidéreo). El radio medio, o distancia media Tierra-Sol, que se suele tomar como unidad astronómica (UA) es de 149.600.000 km y su velocidad media orbital es de 107.200 km/h. La longitud total que recorre son 939,9 millones de km. El eje terrestre no es exactamente perpendicular al plano de su órbita, ya que forma un ángulo de 23° 27', y este es el origen de las estaciones del año. Además de estos dos movimientos principales, la Tierra realiza otros dos: el de PRECESIÓN y el de NUTACIÓN.

Sabías que... No se conoce en el Universo ningún otro planeta con un porcentaje de agua líquida tan extraordinario como la Tierra: es el 71% de su superficie total. Este hecho, unido a su peculiar atmósfera con oxígeno, así como la casualidad de hallarse a la distancia justa con respecto al Sol, por lo que su temperatura es estable, son las claves de la vida en nuestro planeta.

La precesión es un desplazamiento muy lento de los equinoccios hacia el oeste a lo largo de la eclíptica, que es la que describe el planeta alrededor del Sol. Se produce como resultado de un ligero «balanceo» que sufre el planeta en su movimiento de rotación por acción de la gravedad tanto del Sol como de la Luna.

La nutación es una especie de «cabeceo» muy leve del eje terrestre sobre su posición media, producido por los cambios de posición de la órbita lunar.

GEOLOGÍA DEL PLANETA Y LA PLANETOLOGÍA

El conocimiento del planeta que habitamos resulta para nosotros más accesible, al menos en principio. En ese aspecto, la Tierra es nuestro modelo de planeta, el patrón con el que trabajamos para estudiar los demás en cierto sentido por comparación. Por ejemplo, en nuestro planeta es normal la existencia de agua, y de atmósfera respirable para los seres vivos que la habitamos, pero en el resto de planetas de nuestro sistema planetario no es común. Sin embargo, como punto de partida para mirar a nuestros vecinos nos resultan útiles tanto este importante detalle señalado, como el establecer una escala temporal. Esto es debido a la gran magnitud de los tiempos geológicos, y los astronómicos aún mayores, en comparación con la duración de la existencia de las especies vivas y mucho mayor que la de los individuos.

En el Sistema Solar todos los planetas tienen la misma edad, por tanto el conocimiento de la escala geológica de la Tierra nos resulta utilísimo para realizar cálculos sobre los procesos que les suceden a nuestros vecinos.

Lo que se está comenzando a aplicar al estudio de los demás planetas del Sistema Solar es el conocimiento de la historia geológica de la Tierra. En concreto, el estudio de los estratos terrestres y su temporización podremos aplicarlo para conocer la historia de los demás planetas, lo que permitirá una visión general más amplia del sistema planetario en su conjunto.

Aunque en realidad sabemos bastante poco de los comienzos de la historia de la Tierra, conocemos algo más de la historia de la Luna, que a su vez alimenta nuestro

conocimiento terrestre. Por ejemplo, la tectónica de placas de la Tierra renueva el aspecto superficial del planeta, lo que hace muy difícil mirar el pasado. Sin embargo, la corteza lunar nos proporciona una buena información sobre cómo debía de ser nuestro planeta en los tiempos más remotos; esto es debido a que fenómenos de tectónica de placas no tienen lugar en nuestro satélite y las huellas del pasado no se borran, por eso tenemos datos de los primeros momentos del Sistema Solar. Por ejemplo, sabemos que al comienzo todos los cuerpos grandes fueron bombardeados por una gran cantidad de meteoritos y asteroides. Tras este periodo de colisiones en gran número se empezaron a formar las primeras moléculas prebióticas y los primeros signos de vida.

MEDICIÓN DE LA TIERRA

Eratóstenes (255 a. C.) efectuó uno de los más notables cálculos de la Antigüedad, la medida de la Tierra, y lo hizo combinando el estudio de los papiros que se hallaban en la biblioteca de Alejandría y el ingenio puesto al servicio de la práctica. Lo hizo de la misma manera en que en la actualidad avanza el conocimiento: pensando y mediante la experiencia, aunque partiendo de otros conocimientos y con otra mentalidad.
La primera observación de sus lecturas que le llamó la atención fue que en determinado lugar a mediodía una estaca clavada en el desierto no produce sombra (en el solsticio de verano). Repitió el experimento en las mismas circunstancias y comprobó que los rayos de Sol no caían de modo paralelo en todas partes, por lo tanto la Tierra no podía ser plana. Usando la distancia entre dos ciudades y el ángulo de diferencia de la inclinación de los rayos, calculó que la circunferencia de la Tierra medía aproximadamente 46.250 km, lo cual es bastante próximo a la realidad, dada la precariedad de medios utilizados (ahora sabemos que es de 40.000 km aproximadamente).
Los griegos que vivían cerca del mar se acostumbraron a algunos fenómenos muy llamativos, por ejemplo el hecho de que no es posible observar más allá del horizonte, o que la parte más alta de una vela de un barco es lo primero que se ve cuando este se aproxima. Este hecho es incontrovertible para los habitantes de las costas y es incompatible con la idea de una superficie terrestre plana. Pero este insigne griego antiguo hizo algunas contribuciones mayores. Halló otras distancias interesantes, por ejemplo a la Luna y al Sol.
Por otra parte, si la Tierra es redonda, la Luna también lo es: cuando está llena, la superficie que vemos tiene gradaciones de sombra en los bordes externos. Eso no tendría sentido en un plano.

Vista del satélite internacional espacial ISS en órbita alrededor de la Tierra.

LA FORMA DE LA TIERRA: SANDÍA O MELÓN

Aunque ahora es fácil para todos nosotros constatar la forma de nuestro planeta con todo el arsenal de herramientas del que disponemos, no es un hecho evidente para quien carece de conocimientos y de los modernos instrumentos de observación. En 1522, los navegantes Magallanes (1480-1521) y Elcano

MAREAS Y CORRIENTES DEL OCÉANO

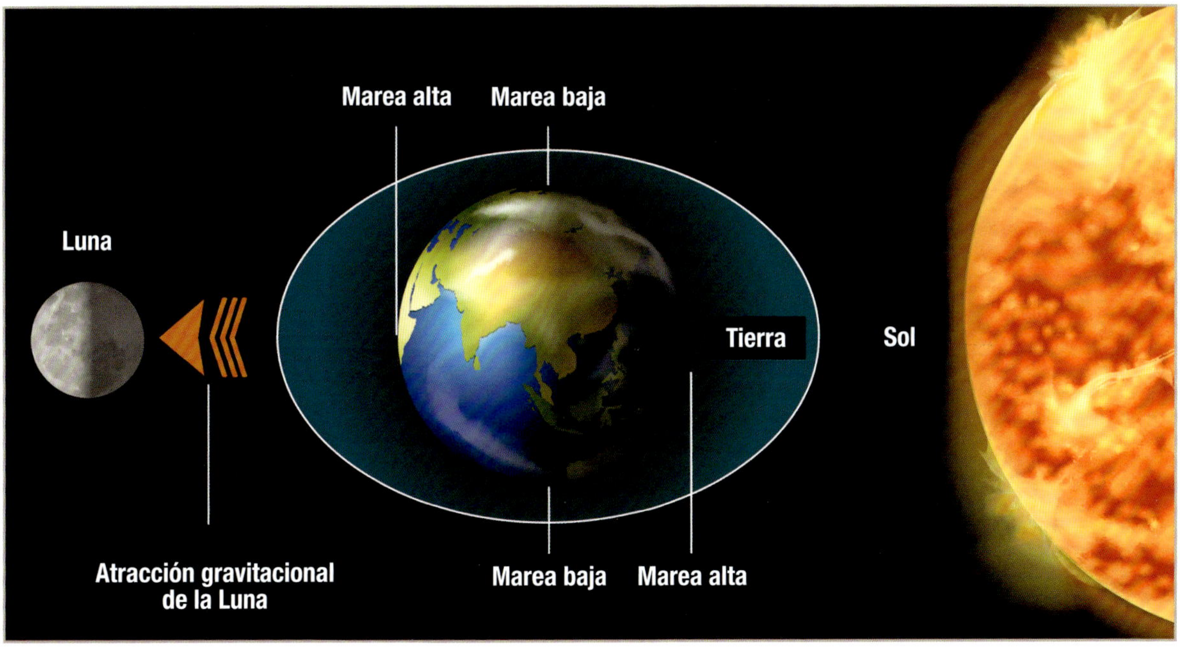

Newton calculaba todo bajo el prisma de su ley de gravitación, pues aunque había muchas cosas que aclarar, se impuso en la comunidad científica. Aun con todo, la polémica en torno a la forma de la Tierra seguía vigente, así como el influjo de la atracción gravitacional de la Luna y el Sol sobre las mareas.

(1476-1526) confirmaron la forma esférica de la Tierra, gracias a la culminación de su vuelta al mundo.
Finalmente, la idea de que la Tierra no es el centro del Universo, que logró sacar adelante Copérnico (y ya de paso la «puso» en movimiento) supuso un nuevo reto para los estudiosos. Pero, ¿qué forma tiene la Tierra en movimiento?
Newton había planteado que un cuerpo celeste sometido a una órbita circular como la de la Tierra tendría la forma de una sandía; es decir, de un esferoide achatado por los polos. Descartes defendía que el planeta estaría achatado por el ecuador y más alargado por los polos, como un melón. Esto se explica porque según Newton el movimiento está gobernado por el Sol, mientras que para los cartesianos, los planetas eran arrastrados por los famosos vórtices o remolinos de Descartes. Así, el análisis de la forma de la Tierra se convertía en un debate experimental trascendental. Esta rivalidad finalizó con el anuncio en la Academia de Ciencias de París de que la Tierra está achatada en los polos; es decir, nuestro planeta se parecería más a una especie de sandía gigante que a un melón.

OTROS DATOS ASTRONÓMICOS SOBRE LA TIERRA

La astronomía posicional, la que estudia la posición de los objetos que se observan en el cielo, surgió muy temprano en la historia de las civilizaciones humanas. Al igual que sucedió con las matemáticas, surgió con una finalidad práctica: medir, calcular y predecir los acontecimientos que pudieran suceder, sobre todo para estar preparados para afrontar los más adversos.
Por otra parte, el interés por conocer más y mejor nuestro mundo inmediato era notable y quizá forma parte de la curiosidad innata del ser humano. Por ejemplo, el tamaño y la forma de la Tierra fueron problemas que se abordaron en tiempos relativamente tempranos.

Sabías que... La composición química de la Tierra es en realidad bastante simple, ya que contiene, de mayor a menor presencia, solamente estos elementos: 32,1% hierro, 30,1% oxígeno, 15,1% silicio, 13,9% magnesio, 2,9% azufre, 1,8% níquel, 1,5% calcio y 1,4% aluminio. El 1,2% restante está formado por elementos variados de menos importancia.

La Luna

Sobre nuestra compañera de viaje hemos forjado muchos sueños, y muchas esperanzas: es tan cercana y todavía tan poco conocida... Cualquier aficionado a la literatura de viajes se habrá topado con todo tipo de ideas y de artilugios fantásticos para viajar a nuestro satélite pero, ¿cómo es la Luna?

La Luna es el único satélite de la Tierra. Su diámetro es de 3.476 km y su masa es el 1,3% de la masa de la Tierra. Su densidad media es de 3,3 g/cm^3 y su gravedad es la sexta parte de la gravedad de la Tierra... Nuestro satélite es el cuerpo celeste más cercano y por eso, el mejor estudiado. En 1619, tras numerosas sesiones con su telescopio, Galileo fue capaz de trazar un mapa de la superficie lunar (la cara visible). Posteriormente, en el mismo siglo XVII, otros astrónomos mejoraron dicho mapa.

Pero hubo que esperar hasta 1959 para obtener alguna información sobre su cara «escondida». La expedición soviética Lunik II, que dio varias vueltas al satélite, logró fotografiar la cara que no vemos desde aquí.

La Luna gira en una órbita elíptica de 384.403 km de radio medio alrededor de la Tierra, inclinada ligeramente con respecto al planeta, a una velocidad de 3.700 km/h. Tarda en dar una vuelta completa 29,5 días y este ciclo recibe el nombre de «mes sinódico».

La razón de que siempre presente la misma cara a la Tierra es que su periodo de revolución y el de rotación alrededor de su propio eje son iguales; esto significa que por cada giro que efectúa sobre su eje también da una vuelta alrededor del planeta. Este fenómeno corresponde a una resonancia mareal síncrona; conviene quedarse con este nombre porque es un aspecto muy importante de la relación estable de la pareja Tierra-Luna y también porque hay muchos otros satélites en el Sistema Solar que mantienen esta relación satélite-planeta.

LA RELACIÓN TIERRA-LUNA

En su acompasado viaje juntos, la Luna y la Tierra forman una pareja muy singular, debido, por una parte,

Imagen tomada por la nave espacial Galileo donde tenemos los principales nombres de los mares y cráteres de la Luna.

Cara oculta de la Luna.

Sabías que… La combinación de las posiciones orbitales del Sol y la Luna da lugar a los fenómenos conocidos como fases de la Luna y también a los eclipses. Por otra parte, en lo que concierne a su tamaño, la Luna ocupa el quinto lugar en el Sistema Solar, por lo que en realidad podemos decir que es bastante grande e importante en el Sistema Solar.

al gran tamaño del satélite y, por otra, a su proximidad a la Tierra. A su vez, este dúo orbita alrededor del Sol formando un sistema planetario muy bien ajustado.

La superficie de la Luna (como la de la Tierra) está iluminada por el Sol en su totalidad. Es decir, no hay un lado oscuro de la Luna, sino un lado que permanece oculto a nuestra vista. Desde la Tierra es visible una mitad del satélite debido al efecto combinado entre los movimientos de rotación y de revolución.

La Luna rota (spin) en torno a un eje imaginario y al mismo tiempo, el baricentro (o centro de gravedad) del sistema Tierra-Luna se mueve también alrededor de la Tierra.

LAS MATEMÁTICAS Y LA FÍSICA DE LA PAREJA TIERRA-LUNA

El tiempo que tarda la Luna en dar un giro completo en torno a sí misma (periodo de rotación) coincide con el tiempo que tarda en dar una vuelta u órbita alrededor de la Tierra (periodo de revolución). Esta relación se expresa (1 : 1). Este fenómeno es muy frecuente y lo veremos muchas veces en otros planetas.

Se produce cuando la relación entre el periodo de rotación y el de revolución es un número racional de grado bajo (numerador y denominador pequeños). Es normal en la relación entre planetas y satélites grandes.

Ahora ya podemos comprender un poco mejor lo que ya se sabía desde la Antigüedad: desde la Tierra solo es posible ver una cara de Luna.

Las sondas interplanetarias nos han mostrado muchas otras lunas de otros planetas con características bastante distintas que, sin embargo, comparten esta propiedad asociada con la resonancia.

LAS FASES DE LA LUNA

Como resultado de las diferentes combinaciones orbitales entre el Sol y la Luna, que es una manera bonita de decir las posiciones relativas de la estrella y el satélite con respecto a nuestro planeta, desde la Tierra se pueden apreciar distintos fragmentos de la cara iluminada del disco lunar, que se designan con el nombre de fases de la Luna. (Por razón similar también vemos los planetas que están más cerca del Sol que el nuestro en diferentes fases). Estas son:

- **Luna nueva.** Decimos que tenemos una Luna Nueva al mirar el disco oscuro que aparece cuando la Luna se sitúa entre el Sol y la Tierra, impidiendo de este modo que se pueda ver su cara iluminada. Después, en el transcurso de los días, la superficie iluminada visible del satélite empieza a crecer.
- **Cuarto creciente.** Cuando se observa iluminada la mitad de la parte visible del satélite, decimos que la Luna ha completado un cuarto de ciclo y se halla en la fase de cuarto creciente.
- **Luna llena.** A medida que la Luna va avanzando en su ciclo, la parte visible iluminada va creciendo y se hace máxima cuando se encuentra en el lado de la Tierra opuesto al Sol; entonces se presenta un disco iluminado completo.
- **Cuarto menguante.** Pero el movimiento continúa y a partir del máximo cada vez se ve un fragmento menor de cara iluminada; una vez transcurridas las tres cuartas partes del ciclo, la Luna está en cuarto menguante, así hasta la siguiente Luna nueva.

LA MORFOLOGÍA LUNAR

Cuando se mira detenidamente la Luna llena, se pueden apreciar dos tipos de superficies: las tierras altas de color claro y llenas de cráteres, y los maria (nombre latino que proviene de la época en que se creía que había grandes superficies líquidas o mares). Los maria se hallan casi todos en la cara visible, son de color oscuro y tienen menos cráteres, lo que significaría que son más recientes que las tierras altas. Los tipos de rocas que se encuentran en las tierras altas no son muy habituales en la Tierra, mientras que las llanuras de los maria contienen basaltos que sí abundan en nuestro planeta.

Pero de todos los rasgos apreciables del relieve lunar, los más llamativos son los cráteres y lo que los científicos conocen como las cuencas de impacto, que no son otra cosa que cráteres de gran tamaño. La Luna carece de montañas en el sentido estricto del término. Las formaciones que reciben este nombre son en realidad los bordes que se elevan de los grandes cráteres.

Asimismo, todos los aficionados a observar la Luna saben distinguir las fallas más importantes, como la famosa Muro Recto, y también las crestas; ambas formaciones son las estructuras que se producen en los asentamientos del terreno posteriores a la producción de grandes cráteres, otras estructuras que se aprecian en la superficie lunar son pequeños volcanes, los domos lunares.

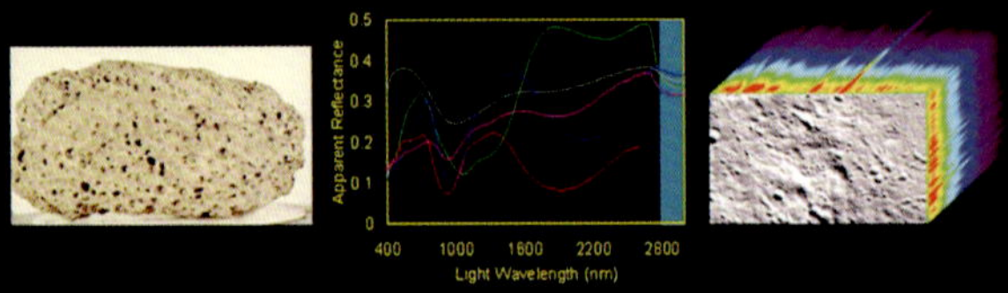

El objetivo de la ciencia de la NASA es mapear la composición de la Luna y abordar las hipótesis científicas con esta información.

ÚLTIMAS TEORÍAS

Sobre el origen y formación de la Luna, las teorías han ido cambiando al irse conociendo nuevos datos obtenidos de la observación y de los nuevos conocimientos a medida que se disponía de más información sobre el Sistema Solar y se avanzaba en los métodos de investigación sobre el mismo.

Algunos datos aportados por los diversos proyectos espaciales parecen inclinar a los especialistas a pensar que cuando se estaban formando los cuerpos del Sistema Solar, se pudo originar otro planeta de miles de kilómetros de diámetro próximo a la órbita terrestre. Por alguna razón dicho planeta chocó con la Tierra y en el impacto arrancó una parte de material terrestre que, junto con los restos del supuesto planeta vecino de la Tierra, formó un cuerpo orbitante que quedó en su ámbito gravitatorio y a partir del cual se originó la primitiva Luna.

El cráter Copérnico, con 93 km de anchura, se encuentra dentro de la cuenca Mare Imbrium, en el norte lunar. Esta fotografía muestra el fondo del cráter, su borde y eyecciones con forma de rayos que se produjeron por el material expulsado.

Representación de un eclipse lunar, que solo se produce con Luna llena.

ECLIPSES DE LUNA

Los eclipses de Luna se producen cuando la Luna atraviesa la zona de sombra de la Tierra. Entonces no hay rayos solares que puedan reflejarse sobre ella porque la Tierra impide que la luz incida sobre la misma y por tanto no se refleja, y así desaparece de nuestra vista. Los eclipses de Luna solo ocurren cuando hay Luna llena.

Los eclipses de Luna son relativamente poco frecuentes. Esto es debido a que la órbita lunar forma un ángulo aproximado de 5º con respecto al plano de la eclíptica y eso significa que el satélite casi siempre pasa por encima (o por debajo) de dicho plano y en estas circunstancias las alineaciones Sol-Tierra-Luna y Sol-Luna-Tierra que son necesarias para que se produzca el fenómeno tienen lugar en pocas ocasiones.

ATRACCIÓN MAREAL

La Luna es atraída por la Tierra y en el pasado remoto, en la época en que la Luna no presentaba siempre la misma cara a la Tierra, tuvo que producir elevaciones superficiales importantes. Esta variación en la elevación del suelo se fue formando cuando se estaba consolidando el sistema planetario (Tierra-Luna) como una especie de freno o ralentización de la rotación de la Luna. Paulatinamente, esta especie de freno sirvió para sincronizar la rotación de la Luna con su órbita alrededor del planeta, produciendo el acoplamiento actual, llamado spin-órbita (1 : 1), que produce la llamada resonancia mareal síncrona.

TERREMOTOS EN LA LUNA

La Luna es un cuerpo casi seco y frío, así es que su reacción al estrés es más similar al de una campana (un cuerpo rígido) que al de un cuerpo con un gran núcleo fluido y una superficie plástica como nuestro planeta. Esto hace que los terremotos lunares superficiales duren casi 10 minutos, tiempo que podemos considerar infinito si pensamos que en la Tierra un terremoto que dura medio minuto es uno de gran duración. Sin embargo, parece que los terremotos que se originan a mayor profundidad se extinguen antes; quizá el interior lunar esté fundido.

La extraña morfología lunar de grandes cráteres, fallas y domos se debe a los impactos de meteoritos y a los terremotos que se originan en su interior. En la fotografía se observan irregularidades de hasta 10 m de anchura.

Sabías que… Para observar la Luna hay que atender especialmente a la zona crepuscular que se forma entre la parte iluminada y la parte oscura. Esta zona permite detectar muy bien las líneas donde los cráteres y las montañas se ven mejor (siempre que sea en fases creciente o decreciente, porque cuando hay Luna llena estas líneas se aprecian peor).

Marte

Marte es un planeta de color rojo anaranjado característico, con una composición rocosa similar a la terrestre. Su diámetro es ligeramente superior a la mitad del diámetro de la Tierra, y su masa es un 11% la de la Tierra; según su tamaño, es el segundo de los planetas pequeños. De consistencia rocosa, como Mercurio, Venus y la Tierra, su superficie se ve alterada por la actividad volcánica, impactos, movimientos tectónicos y efectos de tipo atmosférico tipo tormentas de polvo.

Este gráfico representa la medición de la temperatura de una sección de la atmósfera de Marte por el Mars Climate Sounder, un radiómetro de infrarrojos para la detección de temperaturas a diferentes alturas.

Para los más apasionados aventureros este es un momento verdaderamente emocionante porque Marte es el planeta de nuestras mejores fantasías. La literatura está plagada de asombrosos viajes verdaderamente fantásticos, al igual que las películas o la ciencia ficción. El planeta rojo, color que se debe al óxido presente en su superficie, gira sobre su eje en un periodo un poco superior a 24 horas y presenta características muy similares a las de nuestro planeta: su día y su noche tienen una duración parecida a la de nuestros días y noches, y sus estaciones son bastante parecidas a las nuestras, consecuencia de que la inclinación de su eje de giro (25,19º) es comparable a la inclinación del eje de giro de la Tierra. Marte, el nombre del dios romano de la guerra, designa a este planeta seguramente debido al color rojo, que recuerda a la sangre.

	Marte	Tierra
Espesor de la corteza	50 km	40 km
Distancia media al Sol	227.936.640 km	149.600.000 km

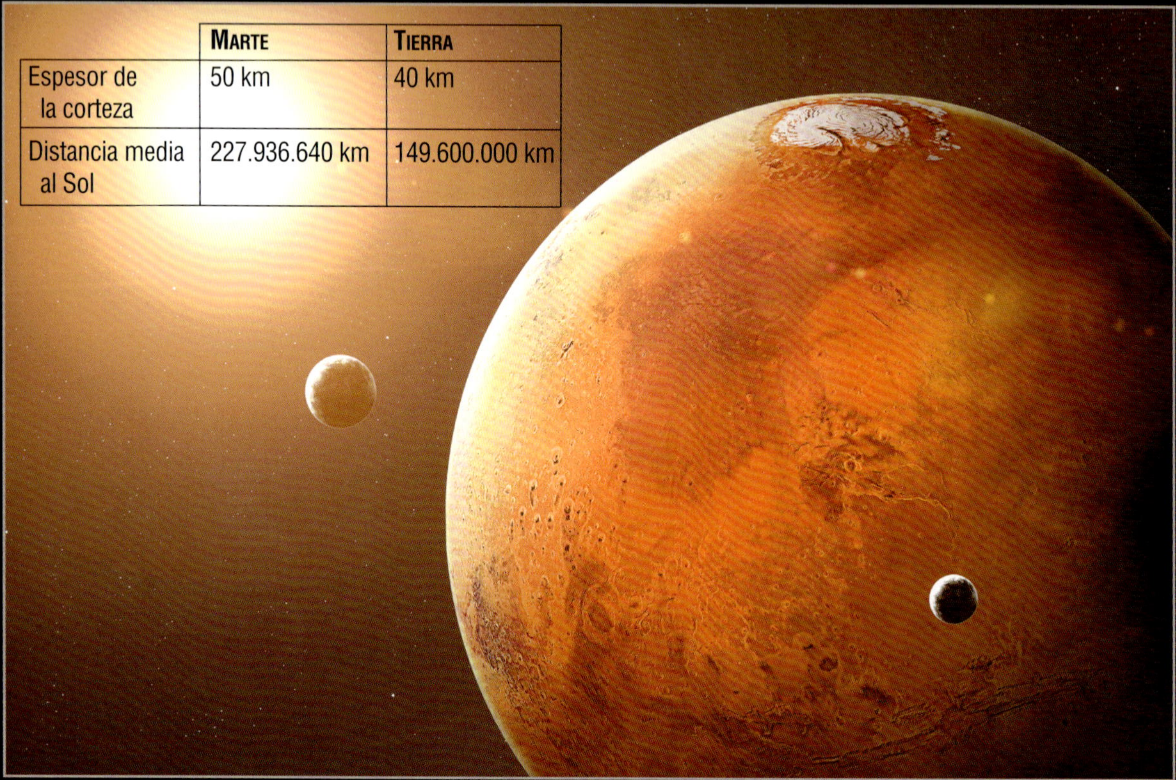

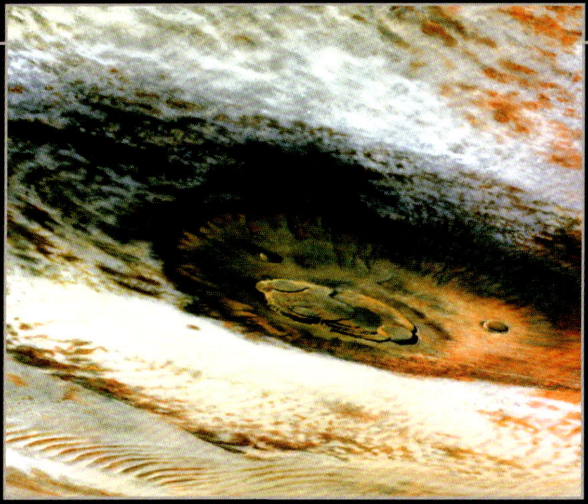

Volcán situado en el Monte Olimpo del planeta Marte, fotografiado por la nave Viking I.

CARACTERÍSTICAS FÍSICAS

Marte está envuelto por una atmósfera fina, formada esencialmente de dióxido de carbono; los enormes volcanes y grandes cráteres, que como hemos señalado se han detectado en su superficie, permanecen inactivos. Como está más alejado del Sol que la Tierra, y teniendo en cuenta su tenue atmósfera, se puede comprender que Marte es un planeta frío, en especial cuando cae la noche, pues su temperatura puede bajar a –66 °C, generando unas condiciones de temperatura mucho más extremas que las existentes en nuestro planeta.

Marte es un planeta muy estudiado y muy fotografiado, pues se han enviado numerosas misiones a reconocer el suelo marciano.

Los astrónomos aficionados pueden intentar observar algunos de sus lugares destacados, como el Syrtis Maior (que se parece a la península del Indostán) o el «ojo de Marte» Lacus Solis, pero no es fácil y además no se pueden detectar durante la misma noche.

El tamaño con que se ve Marte desde la Tierra depende de la distancia a que se encuentre de nuestro planeta cuando se observe. Por ejemplo, en el afelio (distancia de máxima separación del Sol) se ve tan pequeño que los telescopios no permiten observar los detalles superficiales, pero cuando se aproxima al perihelio (máximo acercamiento al Sol) se detecta el cambio de los rasgos superficiales en la rotación diaria, y de hecho se conoce con cierta precisión la geografía planetaria. El mayor volcán del Sistema Solar está en el Monte Olimpo, en la Meseta de Tharsis, que es la máxima elevación del Sistema Solar (21 km de altura).

MARTE POR DENTRO

En cuanto a su estructura interna, la predicción actual con los modelos que contamos nos indican que Marte tiene un núcleo de unos 1.480 km de radio formado de hierro con un contenido de azufre en un porcentaje aproximado de 17%. Este núcleo debe de ser de consistencia parcialmente líquida y contendría el doble de elementos ligeros que el núcleo terrestre. Dicho núcleo, envuelto por un manto de silicatos, es el responsable de la tectónica característica del planeta y también de su vulcanismo, actualmente inactivo. La corteza de Marte tiene un espesor medio de unos 50 km, y en la parte más densa llega a 125 km. La corteza terrestre es de un espesor medio de 40 km (o sea una tercera parte del espesor de Marte).

La distancia media que separa a Marte del Sol es de 227.936.640 km; es decir, 1,523662 UA.

LOS SATÉLITES DE MARTE

A Marte le acompañan dos diminutos satélites, Fobos y Deimos. Fobos, el más interno, es un poco mayor, con 16 km de diámetro, y Deimos solo parece tener 9 km de diámetro. Pero, en ambos casos, se trata de formaciones rocosas irregulares y oscuras que aparentemente no tienen ninguna peculiaridad destacable. Es muy probable que estos dos satélites marcianos fueran dos asteroides que pasaron muy cerca del planeta y quedaron atrapados por su gravedad.

Los «marcianos», o los posibles futuros visitantes de Marte, se darán cuenta de que Fobos sale por el oeste y se pone por el este, dos veces al día; por eso en una sola noche pasa por todas las fases, todo es muy rápido para nosotros acostumbrados a la gran Luna. Su consistencia es porosa y resulta muy poco reflectiva. Fobos es el dios del miedo en la mitología griega.

En cambio, Deimos (deidad del terror según la mitología griega) sale por el este como las estrellas y se pone por el oeste, y orbita Marte alrededor del plano ecuatorial en movimiento circular. En cuanto a su aspecto, es un pequeño objeto lleno de cráteres.

El Cinturón de Asteroides

Esta ilustración idealizada muestra cómo se crearon las familias de asteroides. Las colisiones entre los asteroides situados en el Cinturón entre Marte y Júpiter han formado familias de objetos en órbitas similares alrededor del Sol.

Entre las órbitas de Marte y Júpiter existe una región en la que orbitan millones de asteroides (que es el llamado Cinturón de Asteroides) y que quizá sean restos de un planeta desintegrado o de un planeta que en realidad nunca llegó a formarse.

El astrónomo alemán Johann Daniel Titius (1729-1796) fue el primero en fijarse en las posiciones de los planetas en el Sistema Solar y buscar secuencias numéricas según las leyes astronómicas. Así se dio cuenta de que faltaba alguno para que la secuencia de los conocidos fuese completa, concretamente entre Marte y Júpiter. Johann Elert Bode (1747-1826), director del Observatorio de Berlín, insistió y trabajó sobre esta hipótesis. En la actualidad, la ley de secuenciación de los planetas se conoce como ley de Titius-Bode. La laguna en el sistema planetario se halla a una distancia media de 2,8 UA del Sol.

La sorpresa es que no hay un planeta, sino todo un plantel de cuerpos de menor tamaño y en muchas ocasiones de formas irregulares. En 1802 Olbers encontró a Pallas, y así hasta más de 800 de estos cuerpos.

Inicialmente, los asteroides que se iban descubriendo se bautizaban, como ocurre con los otros cuerpos del Sistema Solar, con nombres mitológicos, pero más tarde los astrónomos se fueron dando cuenta de que había demasiados como para honrar a todas las divinidades.

ASTEROIDES PRINCIPALES

Vesta es un asteroide notablemente grande, su diámetro es aproximadamente la mitad del diámetro del pequeño planeta Ceres, que también se halla en este Cinturón, pero es suficientemente grande como para que la gravedad le haya conferido forma esférica, que siempre

Esta ilustración muestra la nave espacial WISE, en su órbita alrededor de la Tierra escaneando el cielo en busca de asteroides y cometas, y también estrellas, galaxias y otros objetos.

genera más estabilidad. Vesta es bastante brillante y presenta actividad volcánica muy interesante, algo sorprendente para los planetólogos, ya que es una cualidad extravagante en un cuerpo tan pequeño. Mathilde es un asteroide de tipo medio, su forma es muy irregular y tiene un aspecto compacto, pero las apariencias engañan y se trata más bien de un cuerpo muy poco denso, en comparación con la rocosa Vesta, por ejemplo; así que intentar detenerse mucho sobre él sería como intentar pasear por un pantano o una ciénaga.

ÓRBITAS DE LOS ASTEROIDES

En cuanto a las órbitas de estos cuerpos, aquí van algunos detalles: la duración de sus revoluciones varían entre 3 y 8 años (terrestres). Sus vueltas alrededor del Sol son elipses muy pronunciadas (técnicamente se dice que su excentricidad es en general alta, casi de 0,4). Las inclinaciones de las órbitas que describen con respecto al plano de la eclíptica (el plano de la órbita en que se mueve la Tierra) son muy pronunciadas; por ejemplo, la de Pallas es casi de 35º. Los cuatro primeros brillan en condiciones favorables como estrellas de 6º a 8º magnitud, pero los demás bastante menos.
La suma de la masa de todos estos pequeños asteroides es un poco mayor que la cuarta parte de la masa de la Tierra.

LOS NEAR, EROS Y EKBO

Existe un grupo de asteroides que circulan próximos a la Tierra, los NEAR (Near-Earth Asteroids), también llamados NEOs (Near-Earth Objects), algunos de los cuales describen órbitas que se cruzan con las órbitas terrestres. La mayoría proceden del Cinturón de Asteroides y han desarrollado órbitas caóticas.
Eros es un asteroide curioso, aunque no pertenece en sentido estricto a esta familia del Cinturón pues su órbita está comprendida entre la de la Tierra y Marte. Tiene forma de patata y parece un montón de escombros. Su órbita se cruza con la de la Tierra. Presenta una gravedad muy elevada y se queda con todos los meteoritos que se tropiezan con él. Su superficie está llena de cráteres.
También hay asteroides mucho más alejados que Neptuno configurando el Cinturón de Edgeworth-Kuiper (EKBO).

CRUITHNE, UN VECINO TERRESTRE POCO CONOCIDO

Hasta ahora todo parece encajar y funcionar con una precisión absoluta porque aquí se respira verdadera serenidad: el Sistema Solar es un sitio ciertamente armonioso. Nada perturba el camino de la Tierra y los demás planetas alrededor del Sol, ¿o no es así?
Veamos un ejemplo. Existe una familia de asteroides cuyas órbitas se cruzan con la órbita de la Tierra (llamados coorbitales terrestres), pero no son los únicos que también viajan con nosotros. Tenemos otros vecinos que son poco conocidos, que cuando se acercan a la Tierra permanecen capturados por la gravedad terrestre durante un tiempo y luego se alejan. El asteroide Cruithne, por ejemplo, comparte órbita terrestre con un movimiento que impide que se estrelle contra ella.

Júpiter

Es el planeta de mayor tamaño y masa de todo el Sistema Solar (su diámetro es 11 veces superior al terrestre y su masa unas 318 veces la masa de la Tierra). Está rodeado de una atmósfera en la que se producen numerosas descargas eléctricas de tal magnitud que las ondas de radio que originan se detectan desde nuestro planeta.

Imagen de Júpiter tomada por la nave Cassini, donde podemos apreciar las bandas de color rojizo-marrón y blanco, los óvalos blancos, y la gran Mancha Roja, que persisten durante muchos años a pesar de la intensa turbulencia visible en la atmósfera.

El «planeta de Galileo» ofrece un aspecto de un objeto muy brillante, más que Sirius, la estrella más esplendorosa del cielo, aunque con menos brillo que el planeta Venus. Las grandes masas de nubes que rodean a este planeta hacen que refleje perfectamente la luz del Sol. Esta es la causa de que a pesar de la enorme distancia que le separa del Sol, el planeta resulte tan luminoso. Su año dura 12 años terrestres, los días son de 9 h 55 m; es decir, que gira dos veces y medio más rápido que la Tierra. Esta rapidez en las vueltas hace que su ecuador sea mucho más abultado que el de nuestro planeta. Por otra parte, el plano del ecuador coincide con el plano de la órbita; o sea, no hay apenas inclinación, por lo que no se puede hablar de estaciones ni de climas en el sentido que conocemos. Además, Júpiter recibe del Sol 25 veces menos energía que la Tierra.

LA GRAN MANCHA ROJA

Una de las nubes que rodean al planeta, la conocida como gran mancha roja, ha sido observada por astrónomos de siglos atrás, algunos de ellos muy importantes, como G. D. Cassini (1625-1712), que fue

Sabías que… Júpiter está abrazado por anillos, similares a los de Saturno, pero como son mucho más tenues, no resultan apreciables a simple vista. Estos anillos parece que están formados por partículas de tamaños relativamente grandes con enormes espacios vacíos entre ellos.

Ío

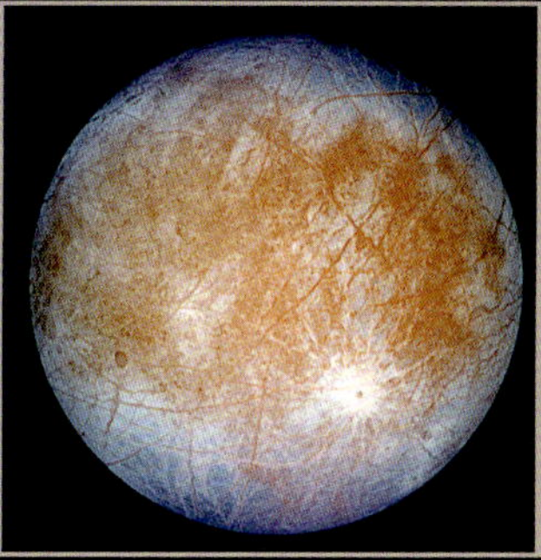

Europa

Calisto

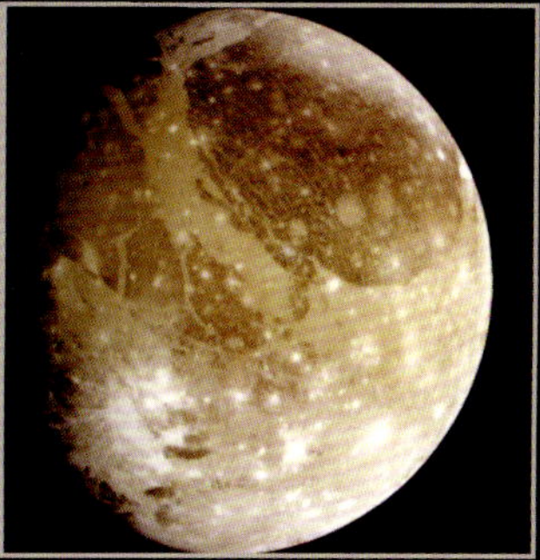

Ganímedes

director del Observatorio de París. No se sabe muy bien cuál es su origen, pero una de las teorías más aceptadas es que se trata de una especie de huracán gigantesco, y su color rojo se atribuye al fósforo que podría contener.

ESTRUCTURA Y COMPOSICION

El interior de Júpiter está formado por hidrógeno, helio y argón muy comprimidos. Esta compresión probablemente es un líquido metálico a unos 15.000 km de profundidad y el núcleo quizás sea rocoso.

SATÉLITES

Hasta ahora se tiene constancia de 63 satélites de Júpiter. En 1610 Galileo descubrió los cuatro satéli tes mayores de Júpiter, mirando al planeta con su primitivo telescopio. Se conocen como satélites galileanos, o mediceos, por sus mecenas, los Medici. Reciben nombres procedentes de la mitología, como la mayoría de los cuerpos celestes: Ío, Europa, Calisto y Ganímedes. Se hallan situados en órbitas externas, y giran alrededor del planeta en sentido contrario al giro del propio planeta (de oeste a este).

• **Ío:** es el cuarto satélite por tamaño del Sistema Solar, el más interior de los cuatro satélites de Galileo (el quinto contando el número total de satélites jovianos). Como la Luna y los otros cuatro satélites galileanos, siempre presenta la misma cara al planeta. La tenue atmósfera de Ío es de dióxido de azufre. Seguramente es el cuerpo más dinámico geológicamente hablando del Sistema Solar. Las nubes volcánicas de sus más de 400 volcanes activos se elevan a más de 300 km sobre su superficie. Su tamaño es un poco mayor que nuestro satélite.

• **Europa:** es un satélite helado de tamaño levemente menor que la Luna terrestre. Se cree que tiene un núcleo de hierro, un manto rocoso y un océano de agua salada formando la corteza exterior de aproximadamente 10 o 30 km de espesor, que podría albergar un océano líquido a 100 km de profundidad; en la superficie, se especula que la parte interna de este satélite podría ser una buena candidata para albergar algún tipo de moléculas prebióticas, quizá en el Sistema Solar (otro es Titán, satélite de Saturno). Su estructura interior es similar a la de los planetas terrestres. La presión de la atmósfera de Europa es 0,000.000.000.001 la de la Tierra. Las mayores estructuras de impacto están rodeadas por anillos concéntricos relativamente planos.

• **Calisto:** es el tercer satélite del Sistema Solar en orden de tamaño y el segundo de los galileanos (el mayor es Ganímedes). Está rodeado de una atmósfera extremadamente delgada de dióxido de carbono y de oxígeno molecular. Su órbita es relativamente distante del planeta y se parece mucho a una circunferencia; está inclinada al ecuador y cambia casi periódicamente debido a perturbaciones gravitacionales solares y planetarias. Su rotación está bloqueada y además no se sincroniza con su órbita, contrariamente a la de la Luna y la Tierra.

• **Ganímedes:** es una luna helada, el satélite mayor del Sistema Solar, es más grande que el planeta Mercurio, posiblemente si orbitase alrededor del Sol en lugar de entorno de Júpiter se consideraría planeta; antes se pensaba que su baja densidad indicaba un núcleo grande ocupando el 50% del satélite; sin embargo, la sonda Galileo detectó un campo magnético a su alrededor que parece indicar que está constituido por un núcleo metálico de entre 400 y 1.000 km. El manto podría estar formado por sílice rocoso y la corteza por agua helada. La superficie es rica en hielo de agua y en la corteza hay señales de actividad eléctrica. No está envuelta en una atmósfera. Invierte 7 días terrestres en orbitar Júpiter.

Saturno

El segundo de los grandes planetas, y para muchos el más hermoso, es muy parecido a Júpiter; sin embargo, es de menor tamaño y masa. Con respecto a la Tierra, su diámetro es nueve veces el de nuestro planeta, su masa es 92 veces mayor que la masa terrestre y su volumen es 720-765 veces más grande.

La relación entre su enorme volumen con respecto a la masa que lo forma, en comparación, con los datos correspondientes de Júpiter, da como resultado una densidad relativamente baja (un poco más de la mitad que la de Júpiter), es el menos denso de los planetas gigantes. Y si comparamos su densidad con la de la Tierra, vemos que es ¡la octava parte de la densidad terrestre!

Invierte 29 años y medio (terrestres) en dar una vuelta alrededor del Sol. Es decir, que cada vez que transcurre un año en Saturno, en la Tierra casi han pasado 30.

Al igual que Júpiter, los principales elementos que lo integran son hidrógeno y helio. Este planeta irradia más calor del que recibe del Sol.

Está achatado por los polos, como consecuencia de su rápido movimiento de rotación alrededor de su eje, en tiempo terrestre (10 h 14 m). La inclinación del ecuador hacia el plano de la órbita es de 27º.

Su atmósfera es muy espesa y está rodeada de cinturones de nubes de amoniaco en los cuales se producen grandes tormentas con vientos a gran velocidad (hasta de 500 m/s). Estos vientos y el calor procedente del planeta son la causa de las franjas amarillo-doradas que se observan en su atmósfera; además, está envuelto por un fuerte campo magnético.

En cuanto a su núcleo, parece ser que su parte más interior debe ser considerablemente más sólida que en Júpiter, y como está más alejado del Sol que este, su temperatura es mucho más baja. Y rodeando a este núcleo, una capa mezcla de hidrógeno y helio gaseosos.

El nombre de Saturno se debe al dios romano padre de Júpiter que simboliza en griego el tiempo. El astrónomo aficionado puede observar sus anillos y su satélite, Titán.

LOS ANILLOS DE SATURNO

Los anillos saturnianos están formados por un gran número de pequeños satélites, cuya proximidad entre sí

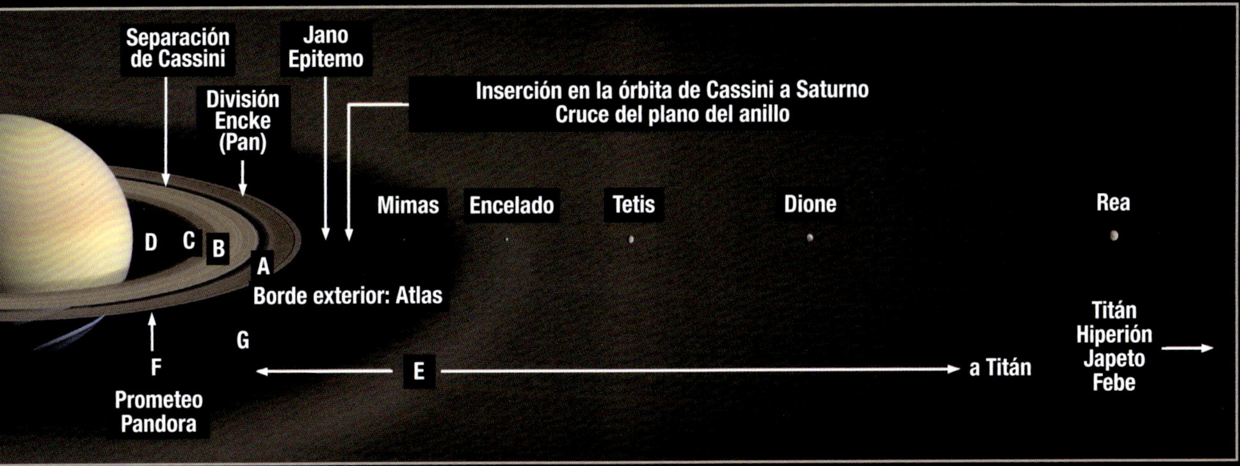

Ilustración de los anillos de Saturno y las principales lunas heladas. Los siete anillos principales (desde A hasta G) están etiquetados en el orden en que fueron descubiertos.

nos impide distinguirlos; su posición cambia muy despacio. Se ven o bien muy desplegados, o bien de perfil, y casi como una delgada línea invisible. Estos anillos se asocian en grupos que se encuentran aislados entre sí, por ciertas separaciones o espacios vacíos, la más externa se denomina Separación de Cassini.

Todos los anillos rodean el globo planetario sin tocarlo y están situados paralelos al plano del ecuador. Este conjunto se mueve formando un ángulo de 27° con respecto al plano de su órbita alrededor del Sol y tiene una dinámica muy compleja coordinada no solo con la relación de equilibrio con el planeta, sino también con sus satélites. Los anillos reflejan muy bien la luz.

VACÍO DE CASSINI

El vacío de Cassini es el nombre que recibe una zona prohibida para los anillos, que a su vez se coordina con Mimas, uno de los satélites de Saturno; técnicamente se dice que esta zona está en resonancia orbital (1 : 2). Esto quiere decir que si cayera un objeto en esta región, daría dos vueltas alrededor de Saturno, mientras que Mimas orbita una vez al planeta. Este satélite, Mimas, desestabiliza a los pequeños cuerpos que orbitan en las zonas que le «molestan» y limpia esas regiones haciendo que se agrupen en otras regiones de anillos donde no son sometidos a sus perturbaciones gravitacionales. Sin embargo, no todos los satélites de Saturno producen efectos de expulsión o barrido; algunos satélites pequeños ejercen como estabilizadores sobre los objetos. Los anillos

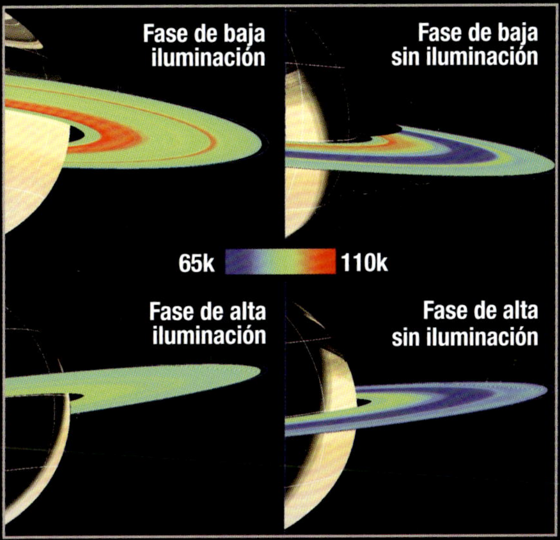

Imagen tomada por un espectrómetro de infrarrojos, que muestra la temperatura de los anillos principales de Saturno (A, B y C).

de Saturno, debido a las perturbaciones de «resonancia» (las interacciones de los movimientos próximos con transferencia de energía de los satélites), están implicados en una gran variedad de características, como lagunas, dobleces y bordes finos, conexiones de anillos estrechos... Estas interacciones conducen a multitud de fenómenos y dinámica caótica. Como consecuencia del acoplamiento entre perturbaciones de diferentes escalas de tiempo que se han ido acumulando, se produce una multiplicidad de las resonancias que ocasiona comportamiento caótico en las proximidades de la resonancia orbital.

LOS SATÉLITES DE SATURNO

De Saturno se contabilizan hasta 60 satélites (por ahora), de tamaños muy variables que van desde enormes a diminutos, pasando por todos los intermedios. Los cinco satélites diminutos se llaman Helena, Atlas, Calipso, Telesto y Pan, cuyos diámetros tienen muy pocas decenas de kilómetros. En el siguiente grupo, según su tamaño, se hallan Encelado, Mimas, Hiperión, Febe, Jano, Epimeto, Prometeo y Pandora; los diámetros de estos satélites oscilan entre un poco menos de 100 km y los casi 500. Entre los satélites que se pueden considerar de tamaño medio (diámetros comprendidos entre en 1.000 y 1.500 km aproximadamente) están Rea, Japeto, Dione y Tetis, y, por último, el satélite gigante Titán, que con más de 5.000 km de diámetro, mayor que la Luna, es el segundo (el primero es Ganímedes de Júpiter) de los seis grandes satélites que orbitan en los planetas del Sistema Solar exterior, junto a los satélites galileanos de Júpiter y al gran satélite de Neptuno, Tritón.

TITÁN

Titán es el único satélite del Sistema Solar que tiene una atmósfera densa, formada por nitrógeno, que contiene en suspensión nubes rojizas de ciertos compuestos químicos, como algunos hidrocarburos, principalmente metano y etano, y óxidos de carbono, además de otros compuestos. Titán es más grande que el planeta Mercurio.

Ilustración de un lago en la superficie de Titán. Los científicos han llegado a la conclusión de que contiene hidrocarburos líquidos y etano. Esto hace de Titán el único lugar en nuestro Sistema Solar más allá de la Tierra que se sabe que tiene líquido en su superficie.

El clima de Titán contiene vientos, lluvias y otros fenómenos similares a los de la Tierra, y también en su superficie se observan eventos como dunas y costas, y está condicionada por efectos meteorológicos de tipo estacional.

La presión atmosférica en la superficie del satélite es el 50% mayor que la presión de la atmósfera sobre la superficie terrestre, lo que la coloca en el segundo puesto de todo el Sistema Solar, después del planeta Venus. Su masa, comparable a la del tercer satélite de Júpiter, es dos veces la de nuestra Luna.

JAPETO

Es el tercer satélite de Saturno por tamaño; es un cuerpo muy curioso: este satélite tiene dos mitades, una brillante

Ilustración del satélite de Saturno, Titán, descubierto por Huygeus.

Ilustración del satélite de Saturno, Japeto.

Ilustración del satélite de Saturno, Hiperión.

y cubierta de hielo, y otra muy oscura. Es esta mitad oscura lo que convierte al satélite en verdaderamente llamativo. Se han formulado diversas conjeturas para explicar estas peculiaridades, pero la que resulta más probable es la de que la superficie oscura está formada por compuestos ricos en carbono, pues estos reflejan un porcentaje muy pequeño de la luz solar que reciben. Por cierto, Japeto siempre presenta la misma cara a su planeta, pero no es ni la brillante, ni la oscura, sino la mitad de cada una de ellas.
Después se sitúan Thetis, Dione y Rhea que, junto a Japeto, fueron descubiertos por Cassini.

HIPERIÓN

Esta pequeña e irregular luna de Saturno es un caso muy bonito de movimiento caótico. La orientación del eje de rotación de esta luna es impredecible.
Hiperión es seguramente uno de los satélites irregulares (no esféricos) más grandes del Sistema Solar. Posiblemente su forma irregular se debe a que este cuerpo es un fragmento de un objeto mayor que se rompió por un impacto ocurrido en el pasado en el interior del Sistema Solar. Su densidad es muy baja y eso posiblemente significa que está formado por gran cantidad de hielo de agua y pequeñas cantidades de roca.

LA RELACIÓN TITÁN-HIPERIÓN

El gigante Titán ejerce un efecto protector sobre el pequeño e irregular Hiperión y lo estabiliza; de otra manera estaría condenado a un final catastrófico en el que se vería expulsado del sistema y sometido a colisiones. Por otra parte, Titán se estabiliza mediante esta relación. Este fenómeno no es infrecuente, se llama resonancia orbital de movimiento medio. En esta relación se encuentran involucrados tres cuerpos, dos de los cuales orbitan alrededor de un tercero que se denomina «el primario». Esta situación corresponde a un planeta tipo Júpiter, un asteroide y el Sol (como primario).
Hiperión, además de su resonancia con Titán, también mantiene una relación resonante (del mismo tipo que la Tierra y la Luna) con Japeto, con el cual Titán está en relación de resonancia orbital. La resonancia orbital también produce un efecto interesante en la relación gravitatoria entre los dos cuerpos que orbitan al cuerpo principal; esto es debido a la repetición cada cierto tiempo de situaciones geométricas entre ambos. Al acercarse, los objetos se atraen con mayor intensidad que cuando se alejan. Por otro lado, esta repetición es la clave de la estabilidad a corto plazo de la relación entre ambos cuerpos (pero también de su inestabilidad a largo plazo). Para lograr una situación estable, los objetos nunca se acercan demasiado y no se producen cambios bruscos de órbita, en una sincronización suave de los movimientos.

Sabías que… Existen normas internacionales para poner el nombre a un satélite nuevo: se pone primero la S (de satélite), seguida por una barra y el año en el que tuvo lugar su descubrimiento. Después, se coloca la inicial del planeta alrededor del cual orbita ese satélite y un número correlativo que indica el orden en el que ese satélite se ha descubierto dentro de su año con respecto al resto de satélites.

Urano

El primero de los tres planetas más distantes, Urano, fue descubierto accidentalmente por Herschel (1738-1822) el 13 de marzo de 1781, mientras hacía un seguimiento sistemático de estrellas.

Oberón

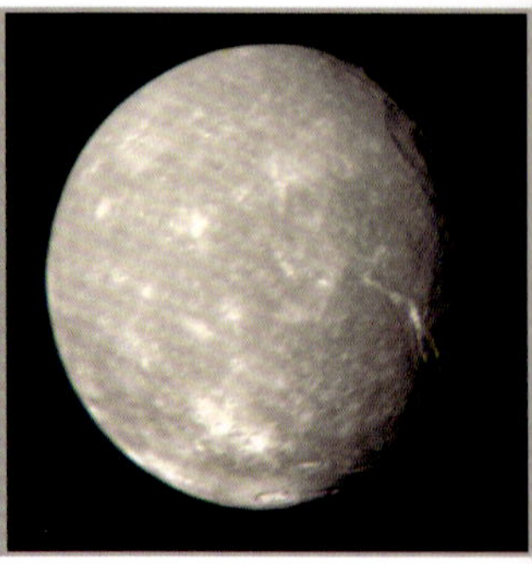

Titania

Urano apenas se distingue a ojo, y de hecho, cuando se descubrió con un telescopio, se pensó que era un cometa porque aparecía como un disco y no como un punto de luz; las observaciones posteriores de su órbita y los cálculos de Laplace (1749-1827) y Lexell (1740-1784) mostraron que se trataba de un planeta describiendo una órbita casi circular alrededor del Sol.
Urano es un cuerpo muy grande (su diámetro es cuatro veces el de la Tierra y su masa unas 15 o 20 veces mayor). Sus características físicas difieren de las de Júpiter y Saturno, y normalmente se encuadra en el marco de los dos gigantes helados. Está constituido por más cantidad de hielo que de gases.
A pesar de que la órbita que describe está mucho más alejada del Sol que la de Saturno (aproximadamente, el doble). Su distancia media al Sol es de 2.870.972.200 km; es decir, 19,191 UA.

EL PLANETA QUE ROTA DE LADO

Al igual que Venus, gira de este a oeste; y su eje de rotación está inclinado y es casi paralelo a su plano orbital, por lo que a nuestra vista parece que rota inclinado de lado. Dicha rotación la efectúa según un eje inclinado 82º respecto al plano de la órbita (quizá por una antigua colisión con otro objeto). La peculiar disposición origina variaciones de su exposición a la luz solar que crea situaciones extremas con estaciones que pueden durar 20 años. Su órbita queda casi completamente descrita en 84 años; es decir, un año uraniano equivalen a 84 años terrestres.

EL AZUL DE URANO Y SU ESTRUCTURA

La luz del Sol atraviesa la atmósfera de Urano y las nubes superiores la reflejan. El metano existente en la atmósfera

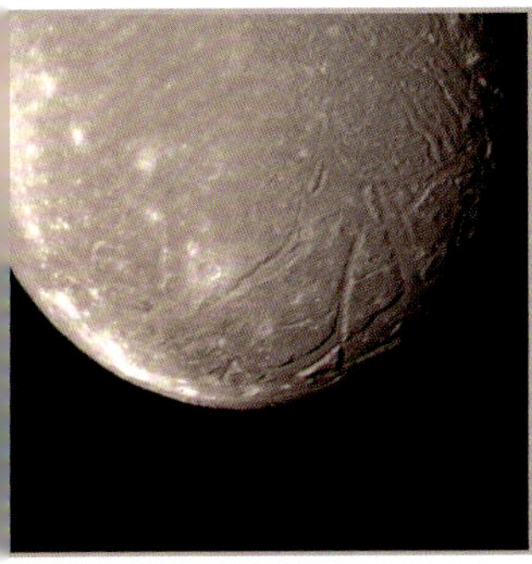

Ariel

Miranda

de Urano absorbe la fracción roja de la luz visible y se produce el color azul verdoso. La atmósfera está formada principalmente por mezclas de metano y amoniaco, y también algo de hidrógeno y helio. El 80% o más cantidad de la masa de Urano está contenida en su núcleo líquido, formado de agua, amoniaco y metano. Se cree que tiene tres capas: un NÚCLEO ROCOSO, cuya masa es aproximadamente 0,55 veces la masa de la Tierra, y un RADIO que es aproximadamente el 20% del RADIO del planeta. Después viene el MANTO LÍQUIDO que lo recubre y que engloba la mayor parte de la masa del planeta con alrededor de 13,4 veces la masa de la Tierra, que está envuelto de una parte externa gaseosa que resulta una mezcla de hidrógeno y helio. La parte helada del manto no es hielo, sino un fluido muy denso mezcla de agua y amoniaco. Su temperatura superficial media es muy baja, posiblemente inferior a -200 ºC. Su nombre se debe a la divinidad griega del cielo, Urano.

LOS SATÉLITES DE URANO

Urano viaja con 27 satélites, de los cuales cinco son de un tamaño bastante considerable: Miranda, Ariel, Umbriel, Titania y Oberón. En realidad, estos eran los únicos conocidos, antes de la llegada de la sonda Voyager; los dos mayores, Titania y Oberón, los descubrió el propio Herschel. Umbriel y Ariel fueron descubiertos más tarde y el último fue hallado en los años 50 del siglo XX.
En 1986, la sonda Voyager II encontró otros 10 muy pequeños que también llevan nombres no mitológicos de algunas obras de Shakespeare. De ellos se tienen datos sobre su densidad que indican que están formados principalmente de hielo, con algunas mezclas de rocas de silicatos y metales. Todos los satélites de Urano tienen numerosos cráteres y valles, muchos de los cuales fueron fotografiados por la Voyager.

LOS ANILLOS DE URANO

Urano posee un sistema de anillos planetarios de modo análogo a otros planetas, como Júpiter, Saturno y Neptuno. Los anillos de Urano no forman un sistema tan complejo como los de Saturno, pero tampoco son tan sencillos como los Neptuno o de Júpiter. Recientemente se han contado 13 anillos separados que se encuentran rodeados de espacios vacíos.
Dos de los pequeños satélites uranianos, los llamados Cordelia y Ofelia se hallan «pastoreando» los bordes del anillo más externo de Urano; los otros se hallan orbitando el planeta entre los anillos y la luna Miranda.
El resto de satélites fueron descubiertos por el fotógrafo espacial, el telescopio Hubble, que ha aumentado el número de lunas contabilizadas hasta 27.

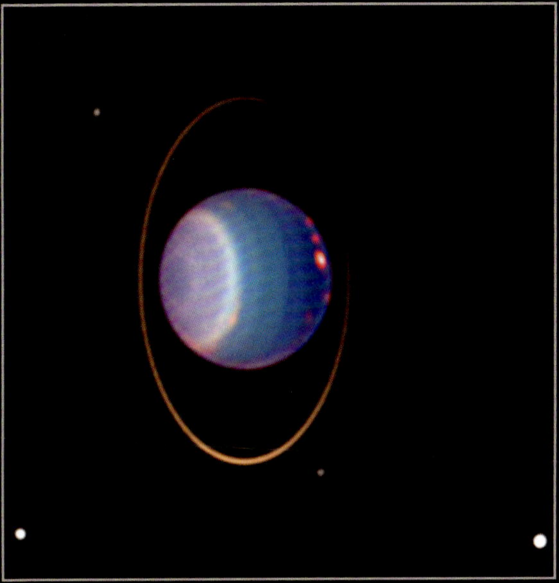

Vista de Urano a partir de imágenes infrarrojas tomadas por el telescopio espacial Hubble. Podemos apreciar los cuatro anillos principales de Urano y algunos de sus 17 sátelites conocidos.

Sabías que… Varias anécdotas se asocian a este planeta de un modo curioso. Por ejemplo, el elemento químico del uranio se nombró así precisamente porque cuando fue descubierto, en 1798, se tenía muy reciente el descubrimiento del planeta Urano y el mundo de la Química decidió hacerle de este modo un pequeño y peculiar homenaje.

Neptuno

El segundo de los planetas gigantes helados se descubrió en 1846 gracias a las bservaciones efectuadas pacientemente por J. Galle (1812-1910) con la ayuda de un elescopio, pero su existencia había sido redicha con anterioridad debido a las rregularidades observadas en el movimiento de Urano.

En realidad la culminación de este hallazgo teórico se debió a Le Verrier (1881-1877) y J. C. Adams (1819-1892) que, trabajando independientemente, habían predicho su existencia. Estos científicos descubrieron Neptuno a través de cálculos y estudios matemáticos teóricos.

Una consideración interesante es que mientras el descubrimiento de Urano ocurrió prácticamente al azar, se necesitaba la existencia de otro cuerpo (que resultó ser Neptuno) para que los datos y las leyes del Sistema Solar fuesen coherentes, por esto se buscaba con mucho interés y dedicación.

CÓMO ES NEPTUNO

Para formarse una idea de su gran tamaño piénsese que su masa es casi 20 veces la de la Tierra y su diámetro unas cuatro veces el diámetro de nuestro planeta. Y describe una órbita casi circular. Asimismo, es muy similar en constitución y estructura a Urano, ambos parecen estar constituidos por un núcleo de roca y hielo rodeados de una atmósfera muy densa, con grandes vientos; este planeta también es muy frío –200 ºC.

A su paso por Neptuno en su largo viaje, la Voyager 2 detectó una gran mancha oscura. Los científicos especularon sobre la posibilidad de que se tratase de un gran remolino ciclónico, algo del tipo de la gran mancha roja de Júpiter. Neptuno es un planeta de color azul, como la Tierra, pero mientras nuestro planeta debe su tonalidad a la abundancia de agua, Neptuno ofrece este color por la presencia de metano.

Está situado por término medio a casi 4.500 millones de kilómetros del Sol (30,069 UA), y tarda 156 años (terrestres) en completar una órbita.

Un hecho curioso es que debido a la forma de la órbita, Plutón, el planeta enano, se halla más próximo al Sol que Neptuno, aproximadamente durante 20 años cada 248. No pueden chocar debido a que la órbita de Plutón está inclinada aproximadamente 17º con respecto al plano de la de Neptuno y sus caminos no se cruzan nunca.

El nombre de la deidad romana elegida para designar este cuerpo es el del dios del mar.

ADENTRÁNDONOS EN NEPTUNO

La zona más interior del planeta está formada por el núcleo, que tiene un radio de unos 27.764 km, y más o menos el 45% de la masa total planetaria, lo constituyen rocas de silicatos y agua congelada. Por encima está una mezcla de rocas y agua congelada que quizá contenga metano y amoniaco congelados. La atmósfera inferior está constituida por hidrógeno, helio y hielo de distintas

Sabías que… Casi todos los satélites neptunianos son bastante irregulares y pequeños, además describen trayectorias alrededor del planeta bastante excéntricas. Probablemente en sus orígenes fueron capturados por la atracción del planeta.

Imagen de la gran mancha de Neptuno. Muestra nubes blancas sobre un sistema de tormentas que giran en sentido antihorario.

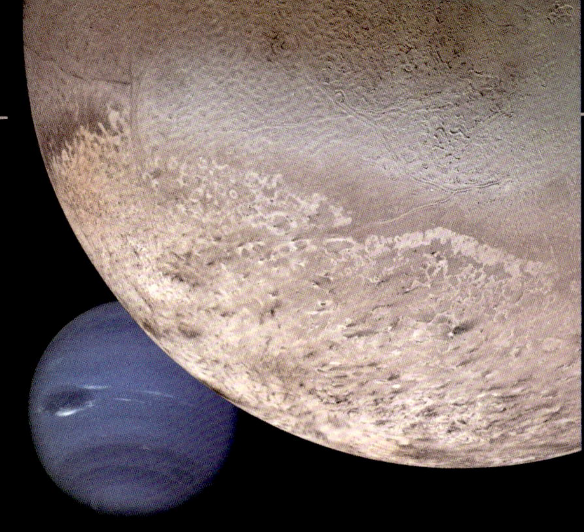

En esta ilustración podemos ver Neptuno de fondo y en primer plano a Tritón, la mayor luna de Neptuno.

sustancias. La parte más externa, la atmósfera superior, contiene el 10% de la masa planetaria.

LOS SATÉLITES DE NEPTUNO

Hasta el momento se conocen 14 satélites del planeta. Neptuno tiene un gran satélite llamado Tritón que, a los ojos de los astrónomos, resulta «anormal» debido a que rota sobre su propio eje, en sentido contrario al que sigue su órbita alrededor del planeta (este movimiento en astronomía se denomina retrógrado; por cierto, Febe también gira retrógrado alrededor de Saturno), y en sentido contrario a la revolución que el conjunto de los dos cuerpos describe alrededor del Sol; además, Tritón siempre presenta la misma cara ante Neptuno. Este fenómeno tan habitual en el Sistema Solar se conoce con el nombre técnico de resonancia orbital síncrona, con el que ya estamos familiarizados, pues sucede con cierta frecuencia en la relación entre satélites y sus planetas. Este fenómeno de movimiento retrógrado puede significar que Tritón no se formó a partir de residuos que daban vueltas alrededor del planeta, sino que provenía de una órbita más alejada y fue capturado gravitatoriamente por el planeta; además, como se asemeja mucho al planeta enano Plutón en sus características, se especula con que Tritón orbitase alrededor del Sol en alguna época remota como los planetas. Este satélite es uno de los más reflectantes del Sistema Solar, pues refleja la mayor pate de la pequeña fracción de energía solar que recibe. Alrededor de Neptuno orbitan otros satélites menores. Proteo es el segundo por tamaño, y fue descubierto gracias a la sonda Voyager 2, es un cuerpo oscuro que refleja solo aproximadamente el 6% de la luz que recibe, está muy cerca del planeta y los telescopios no lo detectan. Otros satélites son Larisa, Nereida, Nayada, Talasa y Vespina. La lista se ha formando en el siglo XX y XXI.

Pequeños planetas

Los llamados planetas enanos como Plutón, Eris o Ceres han sido estudiados por la NASA en la misión New Horizons y la misión Dawn.

PLUTÓN

Este cuerpo planetario no fue descubierto hasta 1930 y estuvo catalogado en el grupo de los planetas hasta 2006. Se había predicho su existencia teóricamente, porque se habían observado desviaciones de la órbita de Neptuno con respecto a las posiciones que debía ir ocupando en su trayectoria alrededor del Sol que podían explicarse muy bien con la existencia de otro planeta más alejado.
La órbita de Plutón es mucho más excéntrica que la de los demás cuerpos planetarios que orbitan alrededor del Sol; se encuentra a 39,482 UA, o sea que la trayectoria elíptica que describe es mucho más alargada. Además su diámetro es aproximadamente el 70% del diámetro de la Luna, su masa el 16% de la masa del satélite terrestre (estos valores se calculan a partir de mediciones efectuadas con los datos obtenidos por el telescopio espacial Hubble). Y brilla muy poco porque es una estructura helada y el núcleo es posiblemente una aleación de hierro y níquel rocosa. El año en Plutón es de 247,92 años terrestres, y su día 153,3 horas, pero en un viaje muy alejado de los grandes cuerpos que llamamos planetas.

LOS SATÉLITES DE PLUTÓN

Caronte es el acompañante del pequeño planeta, que tiene la décima parte de la masa de Plutón y un diámetro cuyo valor es la mitad del diámetro del propio planeta, y está tan próximo al planeta que lo orbita en seis días. También es una naturaleza helada poco conocida.

Ilustración de Caronte, satélite de Plutón.

Imagen de Plutón tomada por la nave espacial New Horizons de la NASA el 14 de julio de 2015.

Sabías que... Plutón debe su nombre al dios romano equivalente al Hades griego, un dios oscuro del Inframundo, que quizá sea una metáfora de su lejanía de la Tierra.

Grandes objetos del Cinturón de Kuiper. Recreación artística de los objetos celestes fuera de la órbita de Neptuno. De arriba a abajo y de izquierda a derecha: Eris y su luna (Disnomia); Plutón y Caronte; Makemake; Haumea y sus lunas; Sedna y Quaoar.

Ilustración del planeta Ceres.

OTROS PLANETAS ENANOS

En el Cinturón de Kuiper viven otros planetas enanos, entre ellos Makemake, que es el tercero en tamaño del Sistema Solar, y también es uno de los mayores cuerpos del Cinturón. Haumea es habitante también de esta región fronteriza, desde 2008 está clasificado como planeta enano de la familia de los plutinos. Eris es el más masivo de los pequeños planetas de la zona de Kuiper; este cuerpo, como tantos otros, fue arrojado a una órbita lejana por interacciones gravitatorias con Neptuno. Sedna es un cuerpo menor, uno de los más lejanos del Sistema Solar.

CERES, UN PEQUEÑO PLANETA EN EL CINTURÓN DE ASTEROIDES

Ceres es un pequeño planeta que se halla en la zona de los asteroides que habitan entre Marte y Júpiter (hasta el año 2006, en que se estableció la categoría de planetas enanos, este astro se consideraba el mayor de todos los asteroides). Tiene un diámetro de aproximadamente 1.000 km. Su masa es más o menos un tercio de toda la masa del Cinturón, y por eso la gravedad le permite tener forma esférica, aunque su gravedad es muy baja. En la época en que se descubrió un mayor número de pequeños planetas, no se podían encontrar ni por su posición ni por el diámetro, como hizo Herschel para encontrar a Urano. Giuseppe Piazzi (1746-1826) descubrió Ceres en 1801 en Palermo y lo definió como un cuerpo oscuro.

LAS LAGUNAS DE KIRKWOOD

Daniel Kirkwood (1814-1895) fue un profesor de astronomía que, en una especie de inversión de papeles, se vio animado e impulsado en sus estudios astronómicos gracias al interés de un alumno aventajado. Estudiaba el Cinturón de Asteroides, y se interesaba por encontrar la distribución de los cuerpos de esta región en varias zonas correspondientes a resonancias de movimiento medio con Júpiter. En 1857 se dio cuenta de que había pocos asteroides que presentasen una relación racional simple con el periodo orbital de Júpiter (trabajaba con los 50 asteroides que se conocían en su tiempo).

En sus observaciones encontró regiones desocupadas que en su honor se denominan lagunas de Kirkwood, espacios vacíos de asteroides en una relación de equilibrio «resonante» con el Sol.

Este equilibrio entre zonas habitadas, Júpiter y el Sol se mantiene expulsando cuerpos de determinadas órbitas que resultan, por esta razón, prohibidas. Si alguna familia de asteroides queda atrapada «temporalmente» en estos vacíos se debe a que sus órbitas son muy excéntricas. De hecho, se han detectado algunos grupos de asteroides de este tipo, por ejemplo la familia Alinda.

El caos debido a resonancias que se producen en la interacción de los asteroides se ha identificado como un mecanismo para producir al menos alguna laguna, así como para proporcionar meteoritos que viajan desde el Cinturón de Asteroides a la Tierra.

Por último, también el lector debe saber que los equilibrios o «resonancias» caóticas pueden ser de dos tipos según su origen, y que tienen gran importancia en la formación de sistemas planetarios.

Cometas

Los viajes favoritos de los cometas son los de largo recorrido. De todos los astros que van y vienen, estos son los que más lejanas novedades pueden traernos; de algunos ya tenemos un buen conocimiento de su trayectoria.

La naturaleza de las órbitas de los cometas era desconocida para Kepler, que había presentado la leyes que describen el movimiento de los planetas alrededor del Sol utilizando para su preparación los datos obtenidos de las observaciones de Brahe.
Newton, el científico británico, una vez que estableció la ley de gravitación universal, planteó el problema de buscar la curva que debe describir un astro sometido a la atracción gravitatoria del Sol, y se dio cuenta de que no solo una elipse, sino también una parábola, cumple las condiciones establecidas por la ley de gravitación universal. De esta manera, Newton llegó a la conclusión de que también los cometas son cuerpos sometidos a la atracción del Sol, y además pensó que las trayectorias seguidas por estos en algunos casos podían ser abiertas; es decir, que solo pasan una vez por el Sistema Solar.
Sabemos que las trayectorias de los planetas son elipses muy próximas a círculos; sin embargo, la de los cometas son elipses muy alargadas. Las trayectorias abiertas tipo parábola y las elipses habituales coinciden en las proximidades del Sol, por eso en los cometas desconocidos nos hacen dudar.
Desde nuestra posición terrestre, cuando se hallan en la situación más alejada del Sol, los cometas son apenas visibles, por eso solo se observa una parte limitada de sus órbitas, cuando están más cerca del Sol y de la Tierra.
La historia de los cometas es muy interesante para los cuerpos «principales» del Sistema Solar. Según se piensa, algunos, al caer sobre los astros, distribuyen agua (quizá gran parte de la que forma nuestros océanos tenga este origen) y dejan tal vez moléculas prebióticas y hasta formas de vida primigenias.

¿SON BONITOS LOS COMETAS?

El aspecto de los cometas es muy diferente del de los planetas y otros objetos del Sistema Solar. Los cometas presentan tres partes muy bien diferenciadas. El núcleo tiene un aspecto similar a una estrella con un diámetro aparente muy débil, está formado de roca y hielo, y aparece envuelto por la cabellera, que es una especie de capa atmosférica nebulosa que se hace más tenue a medida que aumenta su diámetro y está formada por los gases más comunes del Sistema Solar: hidrógeno, carbono, amoniaco... El núcleo y la cabellera forman la cabeza del cometa. A medida que el cometa se aproxima al Sol, los gases que constituyen la cabellera se ionizan y

Imagen de la nave Spitzer — **Imagen con contraste**

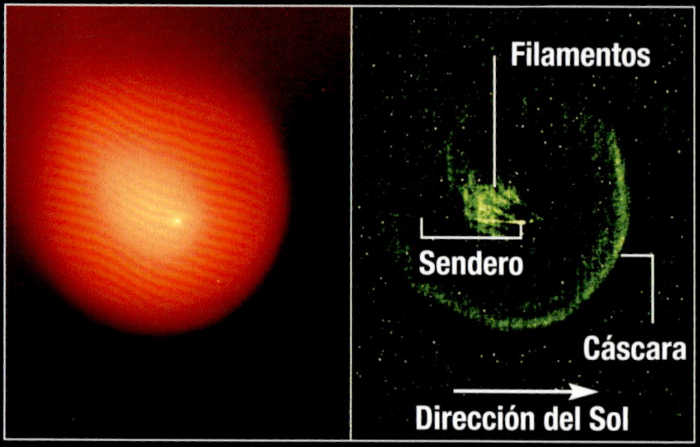

Estructura de infrarrojos del cometa Holmes
NASA / JPL-Caltech / W. Reach (SSC-Caltech)

Telescopio espacial Spitzer • MIPS
SSC2008-18a

Sabías que... La diferencia entre cometas y asteroides no está muy clara, ambas familias de cuerpos pueden alterar sus órbitas por influencia de las órbitas de los planetas, y así no es extraño encontrar asteroides que describen órbitas de tipo cometa y viceversa. En general, estos cuerpos celestes son muy útiles a los cosmólogos para estudiar las condiciones en que se formó el Sistema Solar.

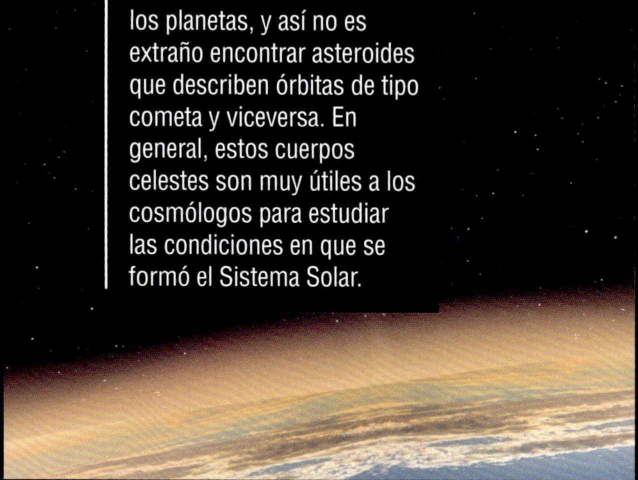

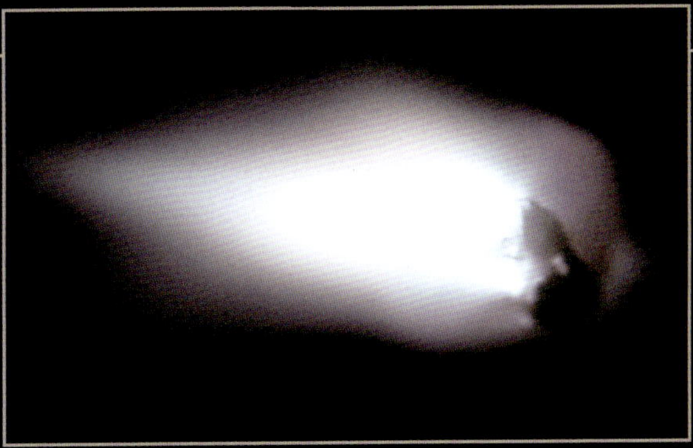

En 1986, la nave espacial europea Giotto fue la primera en encontrar y fotografiar el núcleo de un cometa, el cometa Halley, que se alejaba del Sol. Un núcleo con forma de patata y que mide aproximadamente 15 km de diámetro.

forman la cola, que siempre apunta en dirección opuesta al Sol. Esto se debe a la presión que el viento solar ejerce tanto sobre las partículas de polvo como sobre las de gas; por ese motivo la cola es mucho más larga en las cercanías del Sol y es la parte que mejor se ve, aunque va disminuyendo paulatinamente a medida que se aleja de la estrella. Así, un cometa varía de aspecto con mucha rapidez, a veces en días y horas.

Las trayectorias elípticas de los cometas son muy excéntricas (largas y estrechas, casi como una recta de ida y vuelta) y esto nos indica que algunos cometas podrían proceder de regiones externas al Sistema Solar; sin embargo, la mayoría puede tener su origen en la parte más externa de nuestro propio sistema.

Así pues, las órbitas de muchos cometas son tan grandes que aparecen solo tras millones de años, aunque también hay cometas cuyos periodos son menores; por ejemplo, el cometa Halley nos visita cada 76 años, y se tiene registro suyo desde tiempos muy lejanos. En noviembre del 1986 se aproximó a la Tierra y los científicos tuvieron la oportunidad de estudiarlo de cerca, regresará de nuevo el año 2061.

Algunos de los cometas que se acercan más frecuentemente a las proximidades del Sol son el Encke que vemos cada 3,3 años y el Grigg-Skejellerup cada 4,9 años.

Entre los cometas más espectaculares que nos han visitado en los últimos años encontramos el Hyakutake que durante febrero de 1996 fue visible a simple vista, y fascinó a todo el mundo por su fantástico brillo, fue muy fotografiado y estudiado en aquella ocasión, lo mismo que en 1998, que fue visible en el polo norte (¡pero poca gente había por esas latitudes para verlo!); sin embargo, el telescopio espacial Hubble obtuvo muchas imágenes también en esta ocasión. Otra visita agradable fue la del cometa Hale-Bopp, que en 1997 pasó por las proximidades de nuestro planeta; los estudios realizados sobre este cometa, permitieron a los astrónomos detectar que los cometas emiten rayos X.

Resonancias orbitales

En el Sistema Solar se produce un fenómeno donde todo encaja con precisión: son los movimientos acompasados de los cuerpos celestes. Matemáticamente son problemas bonitos, pero complicados, que requieren relaciones de equilibrio muy precisas y delicadas.

Ilustración del sistema triple: Romulus, Sylvia, y Remo, situados en el Cinturón de Asteroides. Este es el primer sistema triple de asteroides descubiertos.

COREOGRAFÍAS Y DANZAS CELESTIALES

Los cuerpos celestes se encuentran en una buena armonía entre sí, cuando se satisface una relación particular llamada de resonancia, que consiste en una transferencia de energía entre los cuerpos implicados que sincroniza ciertos movimientos como los periodos orbitales (es decir, los tiempos que se invierten en realizar órbitas).

Por ejemplo, cuando un periodo orbital es doble que otro, un tercio, tres cuartos, resultan movimientos combinados muy interesantes que se dan entre planetas y el Sol o entre planetas y satélites, etc. En estas «configuraciones» los periodos de revolución de los cuerpos que orbitan están en proporción próxima a una fracción entera. Un aspecto visible de una resonancia orbital es que la geometría de los cuerpos celestes implicados se repite periódicamente. Este hecho tiene consecuencias para la evolución del sistema, y de ahí viene el nombre.

ESTRUCTURAS RESONANTES EN EL SISTEMA SOLAR

Vamos a ver algo acerca de algunas estructuras resonantes interesantes de nuestro sistema planetario. Por ejemplo, el Cinturón de Asteroides situado entre las órbitas de Marte y Júpiter. En esta familia los asteroides no se distribuyen uniformemente, sino que existen lagunas, espacios vacíos que se hallan en resonancia orbital con Júpiter. El periodo orbital de Júpiter es aproximadamente de 12 años terrestres, las lagunas más profundas se encuentran en correspondencia ¼ = 3 años, ⅓ = 4 años, ½ = 6 años, etc.

CASSINI ENCUENTRA EL RITMO EN LOS ANILLOS DE SATURNO

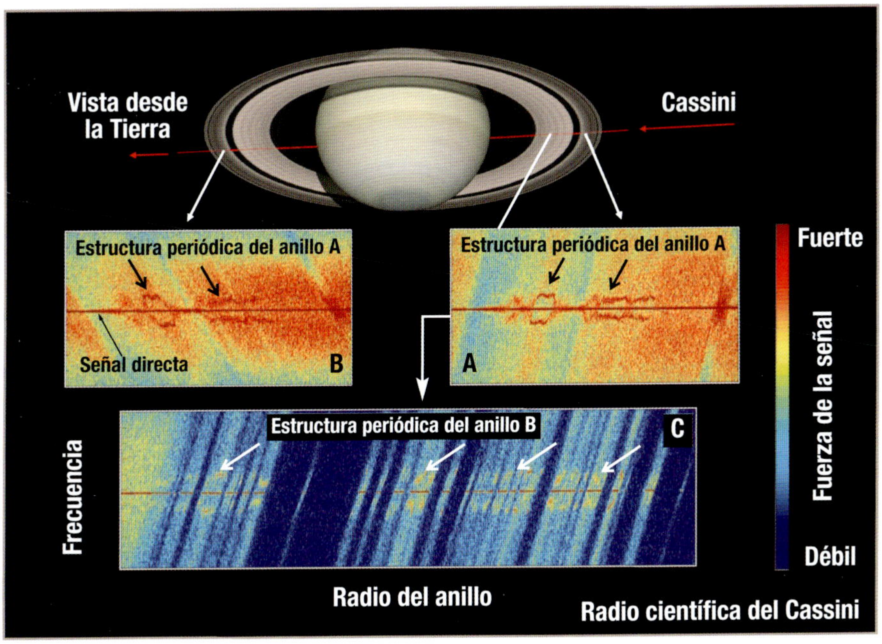

Para un observador en la Tierra, el 3 de mayo de 2005, la nave espacial Cassini parecía pasar por detrás de los anillos de Saturno, y luego, a continuación, los anillos de nuevo (la línea roja). Sin embargo, el espaciado regular de la estructura armónica varía de 100 a 250 m, dependiendo de la ubicación en los anillos.

Pero no siempre es todo así, y en algunos asteroides se observa el fenómeno opuesto; es decir, que son los propios cuerpos los que se sitúan en órbitas de valores resonantes con el planeta. Un ejemplo célebre es el formado por el grupo de asteroides Hilda, que se halla en una relación resonante con el planeta de ⅔ = 8 años. Otras estructuras resonantes son los anillos de Saturno, que resultan realmente sorprendentes. Una de las tareas que realizan los «mecánicos celestes» (que son los astrónomos que estudian rutas, velocidades y cosas similares) es intentar comprender por qué las estructuras resonantes son las que conducen al equilibrio.

De hecho, a veces se plantea la idea de que el Sistema Solar en su conjunto es una gran estructura resonante. En el Sistema Solar, desde un punto de vista naturalista, los fenómenos de resonancia que mantienen el equilibrio del Sistema Solar se podrían explicar como una especie de procesos de «selección natural», una consecuencia de la evolución que ha ido dando la forma a nuestro sistema planetario y que tiene un efecto estabilizador del sistema, al menos de momento. Esta estabilidad en el largo plazo no está garantizada, bien por las disipaciones (pérdidas de energía en los procesos), bien por interacciones fortuitas con cuerpos ajenos al sistema que pueden interferir con el propio sistema o por causas no claras, siempre en estudio.

Así, las resonancias unas veces son generadoras de equilibrio y protegen las estructuras en las que están implicadas, pero en otras ocasiones causan situaciones que no podemos conocer de antemano. Es uno de sus principales encantos y peligros. A escala temporal humana este hecho no parece que vaya a afectarnos.

¿POR QUÉ SE PRODUCEN RESONANCIAS ENTRE LOS CUERPOS CELESTES?

El secreto de la respuesta está en el tipo de movimiento periódico que domina la dinámica del sistema, que se denomina kepleriano (en honor a Johannes Kepler, quien estableció las leyes del movimiento planetario), modificado por perturbaciones (por ejemplo, las interacciones con nubes de gas y polvo, los planetesimales (los embriones planetarios), las fuerzas mareales, etc. En este escenario, las órbitas de los distintos cuerpos van evolucionando hasta caer en resonancia y continúan su evolución manteniendo la ligazón resonante, que muchas veces se conoce con el nombre de «captura».

Quizá alguien se pregunte, ¿podría situarse un nuevo planeta en alguna órbita distinta de las ya conocidas?, o ¿dónde podríamos ubicar un planeta recién llegado que emigrase de otro sistema? La respuesta es que es casi seguro que no es posible.

Trayectorias

El trabajo científico en tiempos de J. Kepler (1571-1630) no se parecía mucho al actual; sin embargo, por desconcertantes que parezcan a nuestra mirada algunas de sus convicciones, su creatividad y su intuición se basaban en la firme certidumbre de que el hombre puede comprender el mundo. Y a ello dedicó su vida.

LOS ORÍGENES DE LA ASTRONOMÍA MODERNA: HELIOCENTRISMO

En un ambiente cultural propicio, con la invención de la imprenta, los avances geográficos como el descubrimiento de América o la vuelta al mundo de Magallanes y Elcano, los europeos visualizaron como nunca la magnitud y la forma de la Tierra.

El tráfico de ideas en Europa era rápido y eficaz, por eso el pensamiento de Copérnico, que afirmaba que si la Tierra girase en torno al Sol, los cálculos de las posiciones de los planetas serían mucho más sencillos, se propagó entre los estudiosos con relativa facilidad; aunque el pensamiento oficial imbuido de convicciones religiosas no estaba inclinado a aceptar los cambios que estas concepciones suponían en la visión del mundo.

REGLAS BÁSICAS DE LA CIRCULACIÓN EN EL SISTEMA SOLAR

Los ilustres científicos que intervienen son tres: Kepler, (1571-1630) con su gran precisión matemática; Newton, (1642/3-1727) con la ley física que explica la geometría astronómica; más la indispensable información de Galileo.

A partir de la ingente cantidad de buenos datos que le dejó Brahe (1546-1601) al morir, con gran meticulosidad, Kepler llevó a cabo un trabajo por el que concluyó que los planetas giran alrededor del Sol dibujando elipses (especie de circunferencias aplastadas donde el Sol ocupa uno de los focos); esta es la primera ley del movimiento de los planetas alrededor del Sol.

La línea imaginaria que une cada planeta con el Sol barre áreas iguales en tiempos iguales (ya estamos en la segunda ley del movimiento: el planeta cuando pasa cerca del Sol viaja a mayor velocidad que cuando está muy alejado).

El tiempo que los planetas invierten en dar una vuelta completa alrededor del Sol (periodo) es proporcional a la potencia $^3/_2$ de la longitud del semieje mayor que recorren; esta es la tercera ley del código de circulación planetario.

Cada planeta del Sistema Solar da vueltas alrededor del Sol en un plano distinto, pero estos planos son bastante

Cada planeta del Sistema Solar da vueltas alrededor del Sol en un plano distinto.

Recreación artística de los llamados «sistemas de planetas en tránsito múltiple», constituidos por las estrellas con más de un planeta. El telescopio espacial Kepler, de la NASA, encontró cientos de sistemas en tránsito múltiple similares a este.

próximos entre sí. El plano en el que se mueve la Tierra se llama plano de la eclíptica. Galileo proporcionó la primera noción de inercia y se atrevió a decir que si un cuerpo cualquiera no se mueve en línea recta (o está en reposo) es porque «algo» lo mueve. Lo que más tarde Newton formularía completamente en su célebre ley de la inercia. Así es que ya podemos empezar a pensar en cuál es el agente del movimiento (la «fuerza») que mantiene unidos a los planetas y al Sol, y para ello consultamos al tercer insigne maestro, Newton, que enseñó que los cuerpos se atraen en razón inversa del cuadrado de la distancia que los separa y en razón directa de su masa. Esa ley se llama de gravitación universal, y vale tanto en la Tierra (describe la caída de los cuerpos sobre la superficie terrestre) como en el mundo exterior; por ejemplo la causa que mantiene en órbita a la Luna alrededor de la Tierra. Por eso se dice que es una ley universal.

ÓRBITAS

Esos itinerarios que siguen los planetas se llaman órbitas. Las leyes de Kepler (excepto la tercera) tienen en cuenta solo la relación entre cada planeta y el Sol, o entre un satélite y su planeta, pero esta situación no es totalmente realista, aunque sea una buena aproximación, debido a que los planetas entre sí (lo mismo que los diversos satélites de un mismo planeta) también están en relación gravitatoria, lo cual implica perturbaciones para el caso de localizar exactamente la posición de un planeta en un determinado momento.

OTRAS ÓRBITAS

En el Sistema Solar no solo hay movimientos en curvas cerradas como elipses o círculos; también hay otros itinerarios curvos abiertos, que pertenecen a la misma familia geométrica (las secciones cónicas). Estas curvas pueden dibujarse seccionando un cono mediante un plano en distintos ángulos.

Algunos astros que visitan el sistema pueden seguir rutas hiperbólicas (esta curva tiene dos ramas), una de las cuales puede ser la ruta de un cometa exterior al sistema, o un ingenio humano puesto en órbita.

A veces algún cuerpo lejano que entra en el sistema parece recorrer una parábola, pero eso es bastante difícil de saber con toda certeza, pues también podría ser una parte de una gran elipse.

LEYES DEL MOVIMIENTO DE LOS PLANETAS

- **Primera ley del movimiento de los planetas alrededor del Sol:** los planetas giran alrededor del Sol dibujando elipses (especie de circunferencias aplastadas donde el Sol ocupa uno de los focos).
- **Segunda ley del movimiento de los planetas alrededor del Sol:** la línea imaginaria que une cada planeta con el Sol barre áreas iguales en tiempos iguales.
- **Tercera ley del movimiento de los planetas alrededor del Sol:** el tiempo que los planetas invierten en dar una vuelta completa alrededor del Sol (periodo), que es propocional a la potencia 3/2 de la longitud del semieje mayor que recorren.

Viento solar

El viento solar se empezó a detectar en el siglo XVI por sus efectos sobre las colas de los cometas. Como no se entendía bien el fenómeno, surgieron controversias; un ejemplo claro de astrónomo que defendía esta idea fue Regnier Gemma Frisius (1508-1555). Sin embargo, hasta 1958 no se propuso un modelo que diera buena cuenta de este viento invisible.

El modelo propuesto fundamentalmente explicaba que el mayor porcentaje de este viento debía consistir en un flujo continuo de partículas ionizadas (es decir, cargadas eléctricamente), y el resto consistía en que las partículas constituyentes del mismo eran núcleos de un elemento ligero, el helio.

La zona solar donde se origina esta emisión se denomina corona, que es la más externa de nuestra estrella, con una temperatura de un millón de grados centígrados. En realidad, este viento de la estrella, al ser un gas ionizado a alta temperatura pero de muy baja densidad, forma lo que los científicos denominan plasma y se propaga al exterior del Sistema Solar. La presión que ejerce este plasma sobre los pequeños fragmentos interplanetarios origina que los más diminutos, los que no tengan masa suficiente, reciban un gran empujón y salgan hacia las zonas más externas del sistema planetario.

ALGUNOS EFECTOS DEL VIENTO SOLAR

En la cola de los cometas observamos que el viento solar barre las partículas de tamaños diminutos en dirección contraria donde se halla el Sol, por eso las colas de los cometas apuntan en dirección opuesta al Sol.

En general el viento solar tiene efectos bastante perniciosos porque es una fuente de radiaciones que perturba los instrumentos de las sondas interplanetarias, y si inciden sobre los seres vivos resultan dañinas, dado que atraviesan los equipos protectores del astronauta.

En lo que respecta a la mayoría de los seres vivos, que normalmente permanecen en la Tierra, están más protegidos debido a que nuestro planeta genera un campo magnético y dado que es un cuerpo que gira, ese campo magnético se comporta como una dinamo. Además, la atmósfera terrestre es un buen filtro protector que en general mitiga mucho los efectos de las radiaciones procedentes de la estrella. Por otra parte, en algunas regiones del campo magnético terrestre tienden a acumularse estas radiaciones quedando almacenadas en

Sabías que… Un detalle curioso e interesante que han encontrado los astrónomos es que las estrellas, en la etapa en que se están formando, generan un viento estelar muchísimo más intenso que el que se detecta en estrellas, como el Sol, incluso en las etapas en que se produce mayor presión.

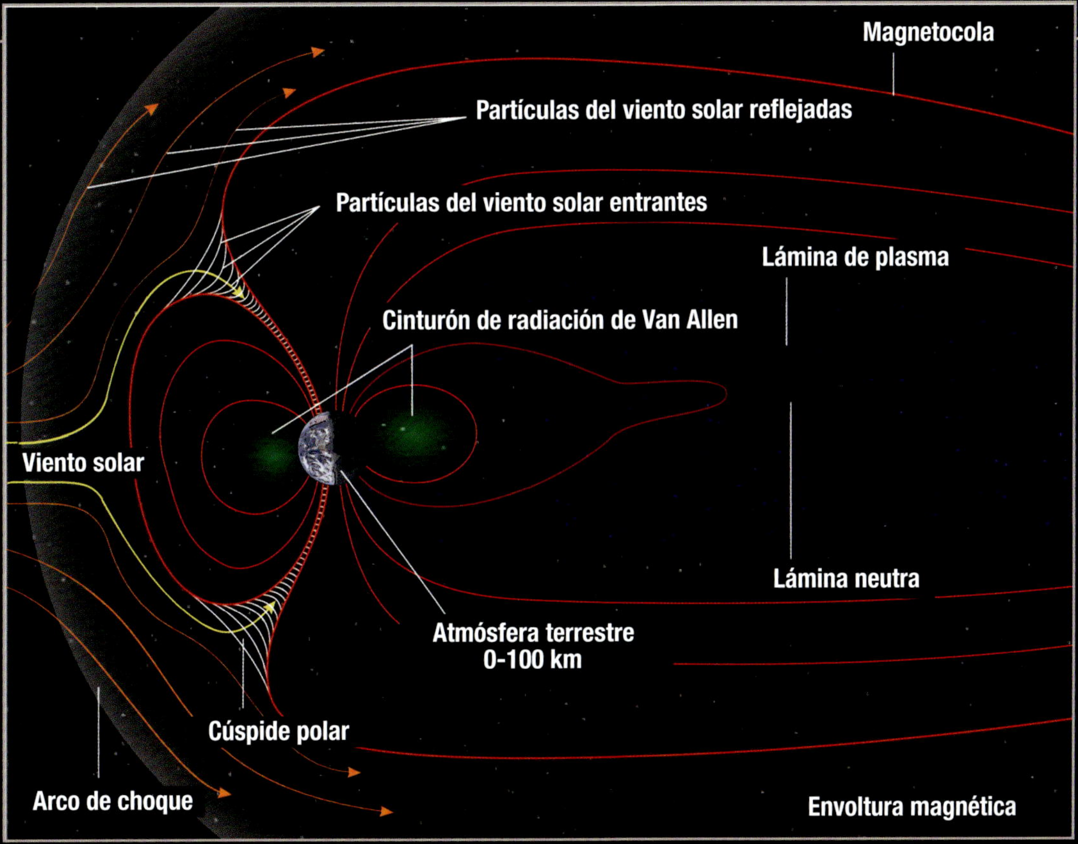

Esquema de la magnetosfera.

una región que se conoce como Cinturones de Van Allen. A veces la dinámica de la estrella, por ejemplo cuando se producen explosiones que generan gran cantidad de radiación y aumenta considerablemente el número de partículas cargadas, da lugar a intensa actividad con consecuencias sobre el viento solar, el cual se incrementa llegando a multiplicar por diez su intensidad. Estas tempestades magnéticas son las que producen fenómenos, algunos de gran belleza, como las auroras polares.
El hecho de que el viento magnético dé lugar a una especie de halo entorno a los planetas tiene también efecto en las sondas y otros vehículos espaciales, pues dejan un rastro de vuelo que puede ser perfectamente medido.

DEL VIENTO A LAS TORMENTAS

En momentos especialmente virulentos en los que la emisión de viento solar resulta muy brusca, se pueden llegar a originar tormentas geomagnéticas en nuestro planeta, que son las causantes de que se produzcan modificaciones climáticas en el mismo. Las tormentas o tempestades geomagnéticas son fuertes perturbaciones de poca duración, ya que son el resultado de una onda de choque que a veces va acompañada de una tormenta magnética y que finaliza transmitiendo una importante cantidad de energía a nuestro planeta. En esta continua emisión de partículas cargadas, el Sol pierde masa, lo que supone una especie de evaporación de las partículas. La velocidad promedio a la que salen lanzadas estas partículas es aproximadamente de 141 km/s; de este modo los átomos de hidrógeno no se van del Sol y continúan sus procesos de fusión (ya que la velocidad de escape del Sol; es decir, la velocidad necesaria para salir de su ambiente y lanzarse al espacio, es de 618 km/s). En sentido estricto, existe una pequeña franja de átomos de hidrógeno que logran superar esta velocidad y se van.

DETECCIÓN DEL VIENTO SOLAR

La nave espacial Mariner 2 fue la primera en detectar el viento solar directamente. En la actualidad mejoran los estudios y se analizan mejor los detalles con la ayuda del satélite que se dedica a estudiar el Sol, el SOHO, siglas del satélite Observador Solar y Heliosférico. Este estudioso y vigilante satélite que se dedica a la observación de nuestra estrella también nos proporciona datos muy interesantes acerca de los oligoelementos que forman parte de nuestra estrella y la conforman.

Cinturón de Kuiper y Nube de Oort

Nos encontramos en las fronteras del Sistema Solar. Desde 1930, la pregunta era: entre Plutón y la parte más externa del Sistema Solar, ¿qué hay? Las posibles contestaciones que se sugerían eran: vacío, algún planeta... Pero «No sabemos» era la respuesta más sabia.

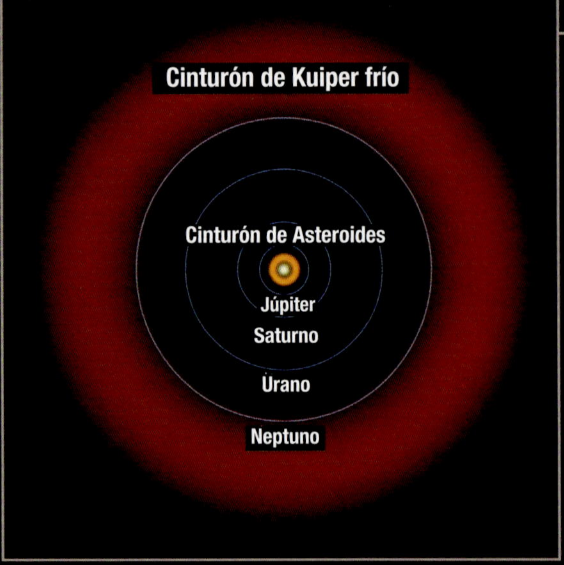

Ilustración del Sistema solar con el Cinturón de Kuiper y el Cinturón de Asteroides.

CINTURÓN DE EDGEWORTH-KUIPER

Kenneth Edgeworth (1880-1972) en 1949 y Gerard Kuiper (1905-1973) en 1951, de manera independiente, sugirieron la existencia de una región en forma de disco situada más allá de la órbita de Plutón, formada por pequeños cuerpos helados, que quizá podían ser los restos primitivos de los procesos de formación del sistema planetario, tal vez algo similar al Cinturón de Asteroides entre las órbitas de Marte y Júpiter.
Este Cinturón también es una zona de abundante población de cometas, tiene forma aplanada y está situado aproximadamente en el plano de las órbitas de los grandes planetas; seguramente los cometas que lo integran se formaron antes que los planetas. También se han identificado algunos pequeños planetas; por ejemplo, Makemake es el tercer planeta enano (por tamaño) del Sistema Solar, y uno de los objetos mayores de este Cinturón. Otros pequeños planetas de estas regiones son Haumea y Eris, que es el planeta enano con mayor masa que se conoce, y que tiene un satélite natural, Disnomia. El objeto más remoto que se conoce del Sistema Solar es Sedna, que fue descubierto en 2003.

LA ASTRONOMÍA COMPUTACIONAL

Mediante simulaciones computacionales se van refinando las hipótesis que permiten añadir conocimiento sobre el origen del Sistema Solar, que parece haber comenzado en el enfriamiento de una nebulosa protosolar. Los modelos

plausibles que se desarrollan computacionalmente a partir de estos inicios que cada vez están mejor construidos son compatibles con estos hechos, y además en muchas ocasiones, de confirmarlos, añaden otros indicios de la dinámica del sistema, como la abundancia de cometas de «periodo corto», que son los que visitan las proximidades del Sol cada determinado número de años; dicho número de años se puede conocer sin mucha dificultad.

En realidad, hasta hace muy poco tiempo no había razones científicas objetivas por las que el Sistema Solar se tuviera que acabar en Plutón, pero no se disponía de ninguna información más concreta debido a que la observación de los objetos de baja luminosidad en la región de Edgeworth-Kuiper excedía nuestras posibilidades reales de trabajo.

NUEVOS DESCUBRIMIENTOS

El avance en los estudios y los descubrimientos es cada vez más rápido, pero aún así, los confines de este gran Cinturón exterior no están bien delimitados. Existen interrupciones más o menos bruscas («gaps», espacios vacíos), que se deben posiblemente a perturbaciones y cambios bruscos en los orígenes, cuando el sistema se estaba formando, por ejemplo ocasionadas por expulsiones de fragmentos perdidos, o de los planetesimales de los gigantes helados como Neptuno, o cualquier otra causa astronómica que desconocemos.

Nuestro sistema planetario viaja solidariamente con la galaxia y a través de ella, pero los lapsos temporales de escala astronómica nos resultan muy difícilmente accesibles. En el transcurso de este viaje se pueden encontrar cuerpos muy masivos, como estrellas.

Los equilibrios que hemos denominado las resonancias orbitales y que hemos visto en tantas ocasiones siempre que observamos el Sistema Solar están también presentes en algunas familias de estos objetos y son un elemento importante para los astrónomos y científicos.

LA NUBE DE OORT

Al estudiar los miles de cometas avistados, se pensaba que la mayor parte de ellos orbita a distancias de miles de UA, y forma esta especie de agrupación que fue muy estudiada por J. H. Oort (1900-1992). Esta nube cometaria tiene una forma de rosquilla (toroide) o una esfera exterior que sirve de frontera del Sistema Solar. Según las interpretaciones más modernas, los cometas que configuran esta «nube» se formaron más cerca del Sol, pero fueron expulsados a los confines del Sistema por sus encuentros con Júpiter y Saturno.

Sabías que… El Sol posiblemente se originó en el interior de un conglomerado de estrellas densamente poblado que se dispersó después, y en este contexto caben bastantes y variadas posibilidades. Se trata de encontrar la que se ajusta más a la realidad.

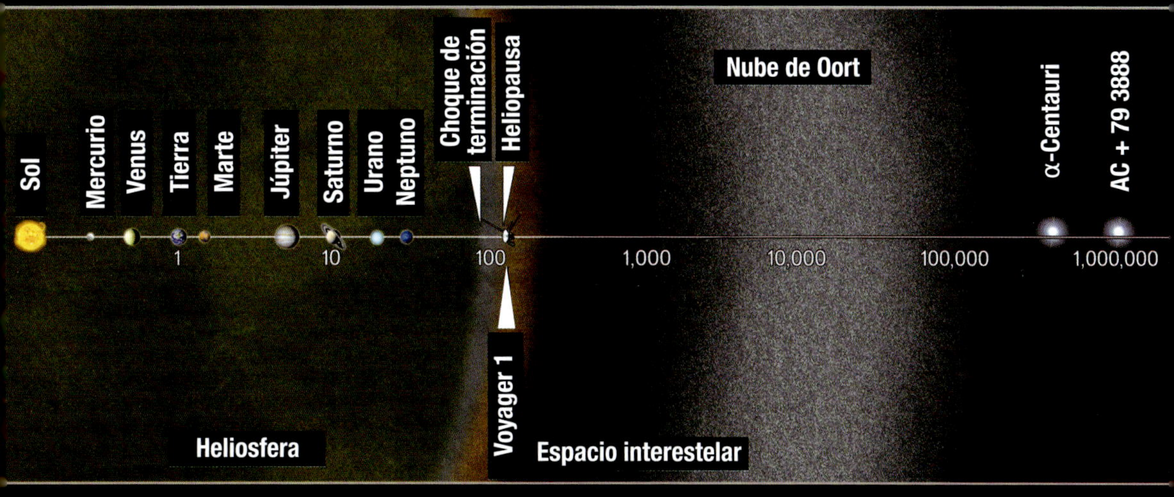

Ilustración que pone las distancias del Sistema Solar en perspectiva. La barra de escala es en unidades astronómicas, con cada distancia establecida más allá de 1 UA que representa 10 veces la distancia anterior. Una UA es la distancia del Sol a la Tierra.

Eclipses y auroras

Los eclipses y las auroras son fenómenos astronómicos muy vistosos que dependen de la luz y que se pueden observar fácilmente desde la Tierra sin necesidad de usar grandes telescopios.

Un eclipse acontece cada vez que un astro oscurece a otro cuerpo celeste, por interposición entre el cuerpo que «desaparece» y el objeto desde el que se observa a ambos. Desde la Tierra pueden verse dos tipos de eclipses que afectan a nuestro planeta: el de Sol y el de Luna, aunque los astrónomos profesionales y los aficionados más expertos también pueden observar otros eclipses que afectan a los planetas más interiores que la Tierra.

LOS ECLIPSES DE SOL

En los eclipses de Sol se oscurece la superficie terrestre debido a que la Luna nueva se alinea entre el Sol y la Tierra; en esa situación la sombra de nuestro satélite se proyecta sobre la superficie del planeta, esto ocurre porque la Luna y el Sol, desde un punto de observación terrestre, tienen el mismo diámetro aparente. Esto quiere decir que el valor numérico del diámetro de la Luna coincide con la distancia del satélite al Sol, lo que hace que los dos discos parezcan del mismo tamaño.
Un eclipse de Sol es total cuando la Luna cubre toda la superficie solar y deja solo al descubierto la parte del Sol que se llama cromosfera; es anular cuando la Luna se superpone a la parte central de la fotosfera, y es parcial cuando tapa una parte de la fotosfera. La duración máxima de un eclipse total de Sol es de unos tres minutos. Uno reciente tuvo lugar el 25 de agosto de 2015 y se pudo observar sobre todo en la parte más septentrional del hemisferio norte en Europa. De los próximos que se producirán, habrá uno el 12 de agosto de 2026 con características similares a este.

LOS ECLIPSES DE LUNA

Los eclipses de Luna se producen cuando la Luna atraviesa la zona de sombra de la Tierra. Entonces no hay rayos solares que puedan reflejarse sobre ella porque la Tierra impide que le llegue la luz y desaparece de la vista. Los eclipses de Luna solo ocurren con Luna llena.
Los principales eclipses lunares pueden ser parciales, si únicamente se oculta una parte de la Luna, o totales, en el caso de que la totalidad de la superficie lunar cae en el interior de la zona de sombra. La duración y el tipo de eclipse depende de la localización de la Luna respecto de sus posiciones orbitales.
Mientras que los eclipses solares se pueden ver generalmente desde una zona relativamente pequeña de la Tierra y duran pocos minutos, es posible observar un eclipse lunar desde cualquier posición de la Tierra siempre en las horas nocturnas, y además tiene una duración de varias horas.
Si la Tierra careciera de atmósfera, en un eclipse total de Luna esta desaparecería totalmente, y no es así. Porque cualquiera que haya observado un eclipse total de Luna puede afirmar que se detecta un cierto tono rojizo que se debe a la refracción de la luz en la atmósfera terrestre.

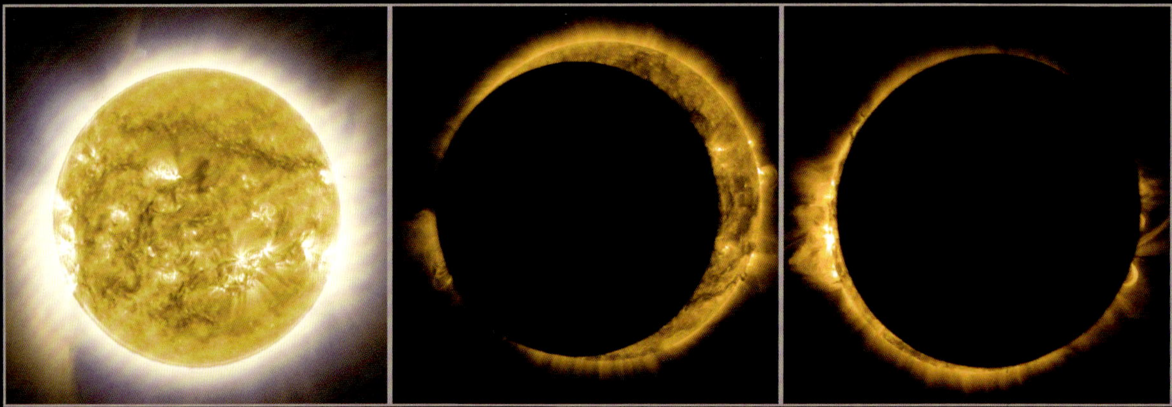

Eclipse solar.

Aunque se producen con mayor frecuencia que los de Sol, los eclipses de Luna no dejan de ser fenómenos más bien infrecuentes y suelen producir mucha expectación; esto es debido a que la órbita lunar forma un ángulo aproximado de 5º con respecto al plano de la eclíptica (la eclíptica es la línea o trayectoria que describe la Tierra en su revolución alrededor del Sol). Expresado de otra manera, esto quiere decir que el satélite casi siempre pasa por encima (o por debajo) de dicho plano, y en estas circunstancias las alineaciones Sol-Tierra-Luna y Sol-Luna-Tierra, que son necesarias para que se produzca el fenómeno de los eclipses, ocurren en pocas ocasiones.

LAS AURORAS

Las auroras son fenómenos luminosos espectaculares y llenos de belleza, producidos por chorros de protones y electrones emitidos por el Sol. Cuando estas partículas atómicas entran en la región más exterior de la atmósfera, interactúan con el nitrógeno y el oxígeno produciendo luz; para entendernos, se trata de un proceso análogo al que tiene lugar en un tubo de vidrio lleno de neón cuando le atraviesa la corriente eléctrica. Las moléculas de gas se excitan por el paso de las partículas cargadas y la energía se irradia en forma de luz según las longitudes de onda características de cada elemento que es atravesado. Por ejemplo, el color verde de la aurora se debe al oxígeno y los tonos rojos son propios del oxígeno y del nitrógeno.
Los chorros de protones y electrones que entran, se ven afectados por el campo magnético de la Tierra y producen efectos muy complejos desde el punto de vista físico. Las auroras se hacen evidentes en los polos terrestres. En el polo norte se produce la aurora boreal, mientras que en el polo sur es la aurora austral, y ambos son espectáculos que merecen ser contemplados por su belleza.

Otros fenómenos curiosos

En general los astrónomos llaman meteoros a los fragmentos de materia proveniente del Sistema Solar que se precipitan sobre nuestro planeta. Estas caídas las apreciamos en forma de destello de luz, ya que son fenómenos incandescentes producidos por la presión al chocar el material con la atmósfera que genera calor. Los acontecimientos más divertidos y populares relacionados con estas caídas son las llegadas de meteoritos, las lluvias de estrellas y los bólidos.

METEORITOS

Todos los años llegan a la Tierra aproximadamente unos 3.000 fragmentos rocosos de más de 1 kg (los meteoritos). La mayor parte de ellos caen en el océano, por eso no se pueden estudiar, pero los que impactan con la superficie terrestre se suelen recoger para analizarlos y clasificarlos. Formalmente, los meteoritos son rocas que proceden del espacio exterior, probablemente procedentes de restos de cometas que viajan en las proximidades de la Tierra y al entrar en contacto con la atmósfera no son totalmente destruidos por fricción; por eso, logran alcanzar la superficie terrestre. La velocidad que pueden alcanzar es de hasta 72 km/s, que es un límite que permite pensar que proceden del Sistema Solar. Según sea su constitución, los meteoritos se suelen clasificar en tres tipos: pétreos, que contienen minerales, como olivino y piroxenos; metálicos, sobre todo de tipo ferroso, que están formados principalmente por hierro y son menos comunes que los anteriores; y los petreometálicos, que contienen metales y rocas y son los más frecuentes.

Vista del cráter del impacto de un meteorito en Flagstaff, Arizona.

Cuando un meteorito colisiona con la superficie terrestre, dependiendo del lugar en que choque, puede formar un cráter de impacto. En nuestro planeta existen más de 170 cráteres de impacto.

En cuanto al número de meteoritos catalogados, hay casi 23.000. En África, cayó hace aproximadamente un siglo el mayor meteorito de los que se conservan, con más de 65 toneladas de peso; el proceso de oxidación que está sufriendo le hace perder masa. En cuanto a su lugar de origen, hay que señalar la curiosidad de que hay catalogados más de 30 que proceden de Marte. La razón es que sobre Marte colisionan bastantes asteroides que arrancan trozos de suelo y lo envían al espacio. Otros meteoritos que nos caen proceden de nuestra propia Luna. Hasta el siglo XIX no se supo del origen exterior al planeta de los meteoritos por cálculos de la altura a la que aparecen en nuestra atmósfera. Es un ejercicio divertido en el que se suelen entrenar los astrónomos aficionados y los estudiantes es el cálculo de la altura a la que pueden observarse, para lo cual las personas se tienen que situar en al menos dos posiciones distintas. Normalmente la altura hallada es de unos 100 km por término medio en cuanto se vislumbra el meteorito inicialmente, y suele desaparecer cuando alcanza los 50 km de altura, pero en su camino puede haber recorrido hasta 300 km o una distancia superior. En realidad, cuanto más grande es el meteorito, más se aproxima a la superficie terrestre, y los de mayor tamaño alcanzan la Tierra, aunque con una velocidad bastante menor que la de partida debido a la fricción con las capas inferiores de la atmósfera inferior.

Imagen tomada durante la lluvia de las Perseidas en 2015.

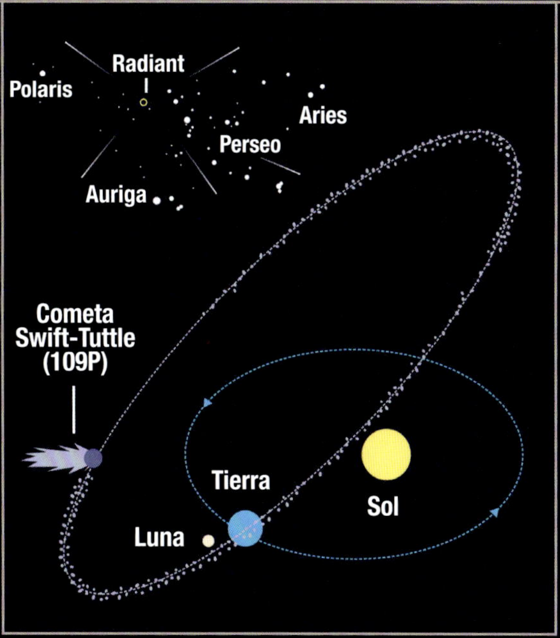

Infografía astronómica interestelar sobre la lluvia de meteoros Perseidas.

En las proximidades del suelo ya no se ve porque pierde el brillo. Y si al tocar tierra mantiene un cierto tamaño, puede producirse una pequeña explosión.

LLUVIAS DE ESTRELLAS

El fenómeno conocido como «lluvia de estrellas» (o lluvia de meteoros) está estrechamente relacionado con la intersección de las órbitas de los cometas con la órbita de la Tierra alrededor del Sol. Este hecho se ha podido confirmar estudiando las vistosas y abundantes Perseidas de agosto y las Leónidas de noviembre, pero también con otras lluvias de meteoros que se repiten anualmente.
El proceso ocurre porque los cometas, en su trayectoria alrededor del Sol, dejan estelas formadas por residuos y polvo; cuando la Tierra pasa a través de la estela de un cometa, el polvo que lo forma se calienta extraordinariamente en la atmósfera y se vuelve incandescente. Vista desde la superficie parece como una especie de lluvia de puntitos brillantes, cada uno de los cuales se suele llamar estrella fugaz.
Las principales lluvias de estrellas que se observan a lo largo del año son las siguientes:

Nombre	Fecha de aparición	Constelación cercana
Cuadrántidas	3 enero	Boyero
Líridas	21 abril	Lira
Acuáridas	6 mayo	Acuario
Perseidas	12 agosto	Perseo
Oriónidas	20 octubre	Orión
Táuridas	5 noviembre	Tauro
Leónidas	15 noviembre	Leo
Gemínidas	12 diciembre	Géminis
Úrsidas	23 diciembre	Osa menor

BÓLIDOS

Los meteoros de mayor tamaño y de mayor peso (varias toneladas normalmente) son los bólidos. Los astrónomos los suelen denominar de este modo para distinguirlos del resto de los meteoritos por la espectacularidad de su aparición y aspecto. Realmente son muy brillantes y vistosos; si se observan un brevísimo rato en su caída, los bólidos se asemejan a bolas de fuego muy rápidas que atraviesan la atmósfera dejando una estela muy brillante y explotan normalmente antes de tocar tierra haciendo un ruido muy aparatoso, como una gran explosión.
Una vez se han desintegrado, aun persiste la estela luminosa que dejan desde varios segundos hasta casi media hora. En ocasiones algunos fragmentos de la explosión llegan a la superficie terrestre en forma de pedruscos.

Sabías que… Para designar a un meteorito se pone el nombre del lugar en el que fue encontrado. Si hay varios del mismo lugar, se añade un número o una letra. Existen varios meteoritos famosos, como Canyon-Diablo o Campo del Cielo, usados como arma por los nativos norteamericanos, o la Piedra Negra de la Kaaba, en La Meca, que se cree que probablemente sea un meteorito.

Zonas horarias

La bóveda celeste es una esfera imaginaria de radio ilimitado sobre la cual se proyectan los astros. Para un observador terrestre, la bóveda celeste parece hallarse en un movimiento perpetuo de rotación que se aprecia a diario (esta rotación es aparente porque en realidad es el resultado de la rotación diaria de la Tierra sobre su propio eje).

Desde nuestro planeta, la combinación de los movimientos de traslación y de rotación de la Tierra se perciben como un movimiento (que es aparente) de los cuerpos de la bóveda celeste.

Aparte de este movimiento aparente, las estrellas se mueven en diferentes direcciones del espacio, alrededor del centro de la galaxia a velocidades de cientos de kilómetros por segundo, pero como las distancias a las que se efectúan las observaciones desde la Tierra son tan enormes, parece que las estrellas apenas se mueven o que lo hacen muy lentamente. Por eso los observadores de la antigüedad describían a las estrellas como fijas. En realidad el lapso que debe transcurrir para que dos estrellas cambien sus posiciones relativas es enorme.

Los navegantes de todos los tiempos han utilizado sus conocimientos sobre las estrellas para orientar su rumbo observándolas. Sin embargo, los conocimientos actuales de astronomía hacen innecesario el uso del artificio de la esfera celeste; al igual que es útil calcular las coordenadas geográficas de un punto sobre la Tierra, es interesante saber calcular las coordenadas astronómicas, o coordenadas de un astro en la bóveda celeste (relación existente entre la posición de un astro y la posición de un observador terrestre) para hallar la posición de un cuerpo, para navegar o determinar un intervalo de tiempo.

COORDENADAS ASTRONÓMICAS

Para calcular la posición de los objetos celestes suponemos que todos se hallan a la misma distancia de la Tierra en una esfera imaginaria. Así, el lugar que ocupa un cuerpo en la bóveda se puede determinar mediante

SISTEMA DE COORDENADAS ASTRONÓMICAS

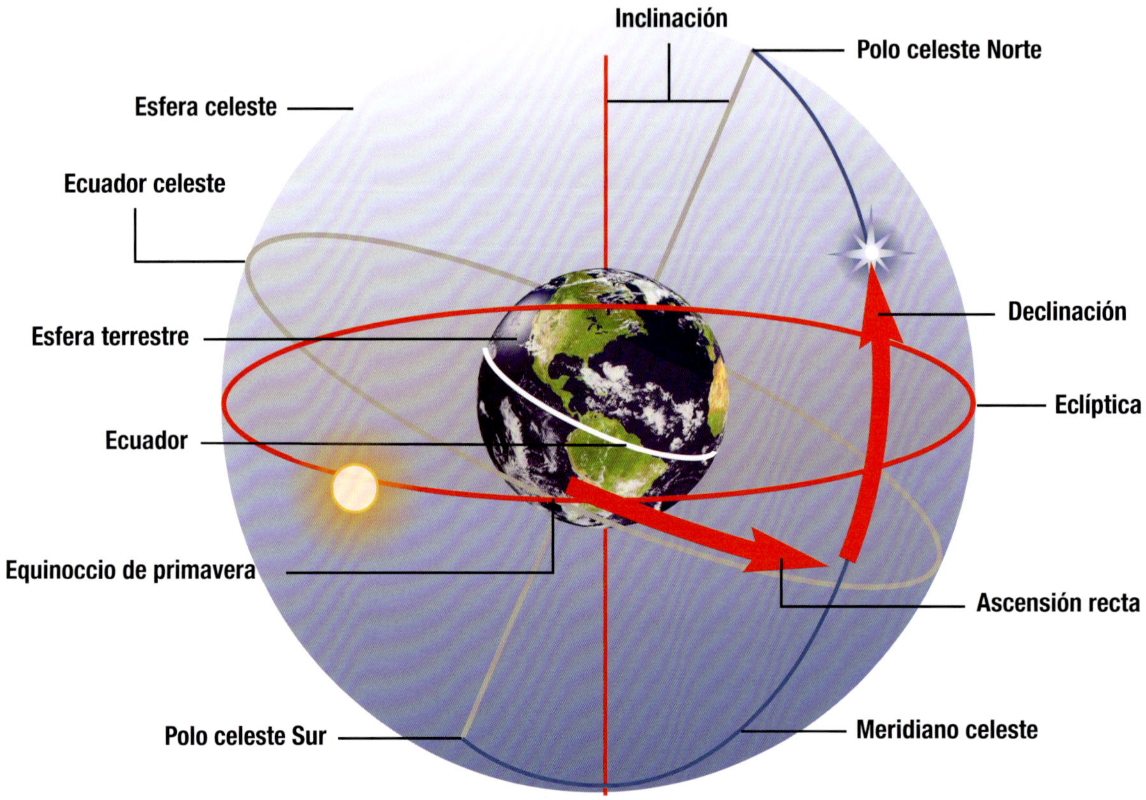

ZONAS HORARIAS DEL MUNDO

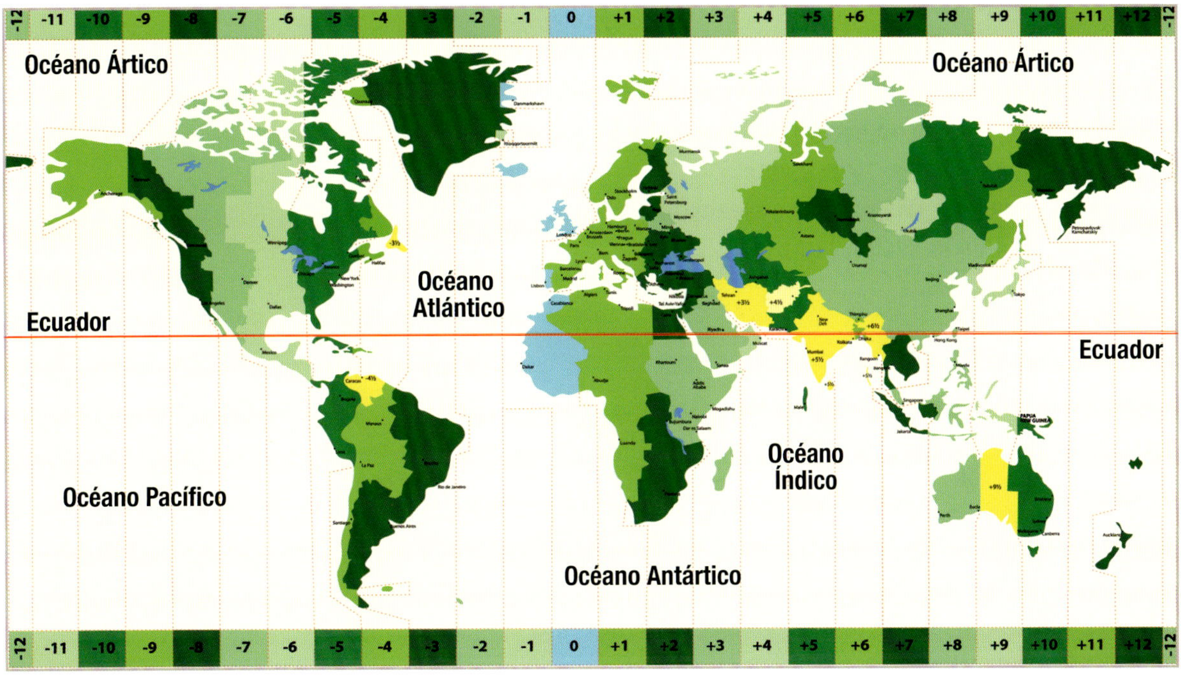

sistemas de coordenadas. El más utilizado es el sistema de coordenadas ecuatoriales: un sistema de cuadrículas con puntos y líneas de referencia análogo al terrestre con una correspondencia entre el ecuador terrestre y el ecuador celeste y entre los polos terrestres y los polos celestes. Como la Tierra gira, hay que precisar un momento del año en que se fija la cuadrícula imaginaria, que es el llamado equinoccio vernal (cuando el Sol pasa por el ecuador terrestre y empieza la primavera en el hemisferio norte). El plano de referencia es el plano ecuatorial o equinoccial; por analogía con las coordenadas geográficas, se define la declinación (equivalente a la latitud), que se mide desde 0º en el ecuador celeste hasta 90º en los polos celestes, y la ascensión recta (equivalente a la longitud), que se mide en horas, minutos y segundos, en torno al ecuador, siempre hacia el este. Otro sistema es el de las coordenadas horizontales: el plano de referencia es el horizonte verdadero o astronómico; aquí las coordenadas son el azimut, que es el ángulo en el cenit formado por el meridiano superior celeste del observador y el círculo vertical del astro, y la altura, que es el ángulo en el centro de la Tierra, en el plano del círculo vertical del astro; se mide desde el horizonte astronómico hasta el astro de 0º hasta 90º.

ZONAS HORARIAS

La Tierra se divide en 24 zonas horarias de 15º. El día solar es el periodo de rotación de la Tierra con respecto al Sol; y el día sidéreo es el periodo de rotación con respecto a las estrellas, consecuencia de la revolución terrestre alrededor del Sol. El día sidéreo tiene 4 minutos menos que el día solar (un día de diferencia en un año). El control común del tiempo se basa en el día solar de 24 horas. El Sol se mueve aparentemente alrededor de la Tierra hacia el oeste a 15º de longitud por hora, esto significa que el mediodía se presenta una hora más tarde a una longitud 15º oeste de un lugar y una hora antes a una longitud 15º este de ese lugar. La línea de cambio de fecha internacional situada sobre el meridiano 180º (excepto en Alaska e islas del Pacífico) separa los días; por eso al viajar hacia el este una persona tiene que adelantar su reloj una hora cada vez que traspasa una zona horaria.

Sabías que... Las estrellas visibles a simple vista en la bóveda celeste se ordenan en seis clases diferentes, atendiendo a su brillo o magnitud, de tal modo que las más brillantes son estrellas de primera magnitud y las menos brillantes pertenecen a la sexta magnitud.

Calendario

En concentraciones urbanas con cielos nocturnos iluminados por la electricidad es difícil ver estrellas; sin embargo, a veces es posible observar planetas. Por ejemplo, durante el amanecer, en ocasiones se observan Venus y Júpiter. En la noche, lejos de la ciudad se ven muchas estrellas.

La fascinación al contemplar el misterioso cielo ha acompañado a la humanidad desde los tiempos antiguos. El calendario egipcio se regía por Sirio, la estrella más brillante del cielo. Su aparición en el cielo coincidía con las inundaciones anuales del Nilo y, al observar este fenómeno, los egipcios empezaban a hacer sus cuentas.

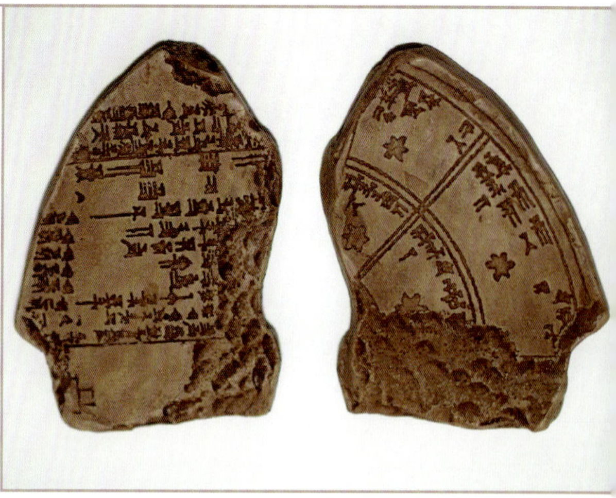

Calendario babilónico.

LA SEMANA DE SIETE DÍAS

¿Por qué son siete y no cinco o nueve? Este interrogante nos traslada a Babilonia. Para ello pensemos en las cuatro fases de la Luna. Entre cada una de estas fases hay aproximadamente siete días. Es decir, tenemos cuatro fases y siete días entre cada fase, lo que nos proporciona el mes lunar de aproximadamente 28 días. Los babilonios consideraban especiales los días en que aparecía una fase; esa tradición llega hasta hoy. Unos eran días sagrados y otros malos, en los que se prohibía hacer ciertas actividades. Además, el mes lunar coincide aproximadamente con el ciclo menstrual femenino. No es extraño que nuestros ancestros vieran esto como una coincidencia cósmica.

Los babilonios construyeron también el sistema sexagesimal. Es decir, en lugar de contar en base 10, se hacía en base 60. Así, Babilonia introdujo años de 360 días útiles y cinco días festivos. El sistema sexagesimal de Babilonia es tan importante que por eso hoy el círculo lo dividimos en 360 grados, la hora en 60 minutos y el minuto en 60 segundos.

DEL CALENDARIO ROMANO AL JULIANO

El calendario romano fue creado cuando se fundó Roma. Tenía 10 meses lunares (de marzo a diciembre).

Calendario romano. Fragmentos del «Fasti Praenestini».

El periodo en que no había «año» no se hacía nada importante, salvo tareas de transición y preparación. Tras el calendario de Rómulo, Numa Pompilio modificó la duración de los meses y pasaron a durar 29 o 31 días en alternancia, para evitar los números pares que no eran del gusto de los romanos. Además se añadieron enero y febrero. El año pasó a durar 365 días distribuidos de este modo: marzo, mayo, julio y octubre, 31; febrero 28; y los demás 29; en total 355. Como esto tampoco cuadraba bien porque el calendario no encajaba con el ciclo solar, cada cuatro meses se añadieron dos meses, uno de 22 días y otro de 23.

EL CALENDARIO JULIANO

El calendario juliano que corrigió los errores del calendario romano fue instaurado por Julio César. Se basa en el movimiento aparente del Sol para medir el tiempo. Se adoptó en toda Europa y sus áreas de influencia a partir del año 46 a. C.

LA REFORMA GREGORIANA

Cualquiera que pregunte qué sucedió en el mundo el 5 de octubre de 1582, sería fácil responderle: «nada, absolutamente nada». Lo único que ocurrió es que esta fecha se suprimió del calendario, al igual que los 10 días posteriores. Así, entre el 4 y el 15 del año 1582 no sucedió nada, al menos para quien aceptó la reforma del calendario propuesta por el papa Gregorio XIII. Estos días se eliminaron y, transcurrido el día 5, el siguiente día fue el 14 de octubre.

Las razones para esta reforma son comprensibles. En el calendario de Julio César el año tenía 365 días y seis horas, con una diferencia con respecto al año astronómico de cerca de 11 minutos, lo que daba un día cada 128 años.

La discrepancia creciente entre el calendario y el año solar traía complicaciones en la liturgia: la Pascua. La fecha del equinoccio de primavera era decisiva para

Ilustración del calendario gregoriano.

determinar la Pascua, y todas las fiestas móviles del año litúrgico, fundamentales para la vida religiosa y para las actividades sociales en la Europa preindustrial.

El Concilio de Nicea (325 d. C.) había intentado una primera corrección, trasladando el equinoccio de primavera del 25 al 21 de marzo.

Así, al final del siglo XVI, el equinoccio se había ido retrasando al 11 de marzo y por tanto la fecha de la Pascua. El asunto estaba presente entre los estudiosos matemáticos y astrónomos: Nicolás de Cusa y Copérnico habían señalado el problema y habían prometido remediarlo.

Finalmente, el papa Gregorio XIII nombró una comisión que, entre las diversas propuestas, seleccionó la del calabrés Luigi Giglio. El 24 de febrero de 1582 se anunció la reforma: el equinoccio de primavera se situaba en su posición, suprimiendo los 10 días añadidos. Y el año así resultante solo aporta una diferencia de 24 segundos cada paso de año.

El calendario gregoriano no fue aceptado por todos los países, ya que provenía del papado, así es que inicialmente solo lo adoptaron los países católicos: Italia, España, Francia y Portugal. Los países protestantes no lo acogieron hasta 1700; Inglaterra e Irlanda, en 1752; Suiza en general en 1701 y Rusia en 1923. En nuestros días es el que utilizamos.

Sabías que... La observación del cielo y todos los fenómenos que en él tienen lugar sirven a nuestros ancestros para ajustar y establecer diferentes calendarios, según las coincidencias cósmicas.

Estrellas

Las estrellas son bolas de gas que se mantienen en equilibrio superando dos fuerzas que actúan en sentido contrario: su propia atracción gravitatoria y la presión de la energía que se produce en su interior durante largos periodos de tiempo.

Este equilibrio solo puede encontrarse en estrellas cuyas masas están comprendidas entre diez veces la masa del Sol y la décima parte de dicha masa. Pero, curiosamente, la luminosidad (y, por tanto, el brillo) de una estrella puede variar en una banda mucho más amplia, entre diez mil veces la luminosidad del Sol y la diezmilésima parte de dicha luminosidad.

La energía que se produce en el centro de las estrellas proviene de las reacciones nucleares que transforman el hidrógeno en helio. Este elemento se convierte en carbono en etapas más avanzadas de la vida estelar; además, en las estrellas que se han formado de los restos de estrellas anteriores, se producen elementos más pesados, de carácter metálico.

En estrellas similares al Sol, la combustión que transforma el hidrógeno en helio se produce durante decenas de miles de años, antes de que el helio empiece a convertirse en carbono. Las demás fases de combustión no influyen demasiado en la energía de la estrella.

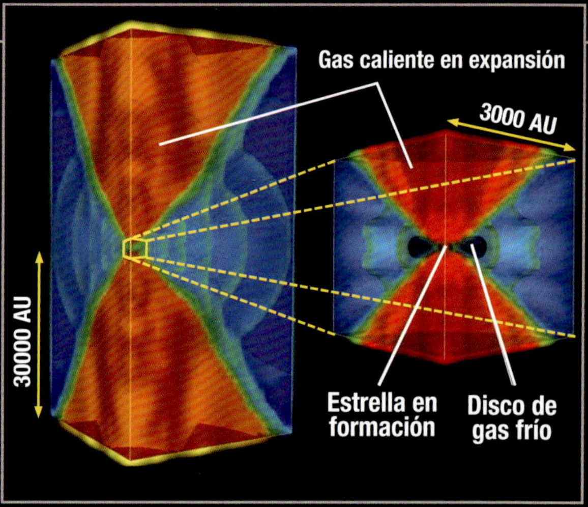

Diagrama que representa la simulación de cómo nacieron las primeras estrellas.

NACIMIENTO DE LAS ESTRELLAS

Las estrellas, para poder originarse, precisan de ciertas condiciones concernientes a la abundancia de la materia prima; por eso nacen en las regiones del espacio en las que la densidad de gases es mayor, porque es en estas zonas de nubes gaseosas donde se puede producir el colapso gravitatorio inicial. Cuando esta masa crítica se atrae gravitatoriamente, empieza el proceso que suele culminar con la formación de la estrella, aunque no siempre es así.

ETAPAS DE LA VIDA DE UNA ESTRELLA

Veamos las seis etapas que suelen considerar para clasificar los procesos que tienen lugar en las formaciones estelares:

Primera fase: lo primero que tiene que suceder para que se inicie el proceso es que una concentración gaseosa

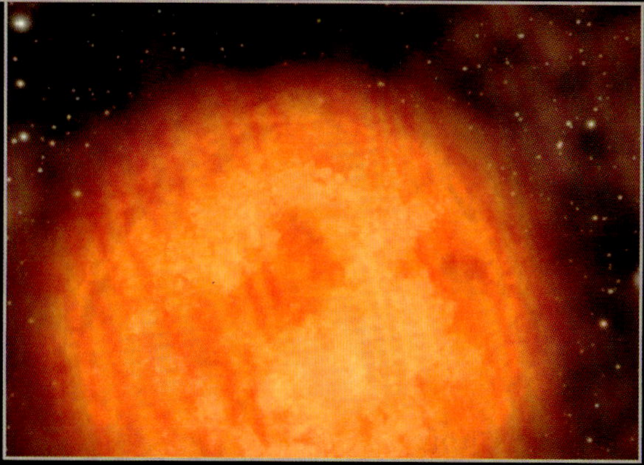

Ilustración de Mira, una estrella gigante roja cerca del final de su vida útil, volando a través de nuestra galaxia a velocidades supersónicas, dejando un rastro de material brillante en su estela. Arroja material que se recicla en nuevas estrellas y planetas.

formando una especie de nube colapse gravitatoriamente y empiece a aumentar la densidad de la misma. Paulatinamente, la contracción sigue en aumento; en consecuencia, la materia se va calentando cada vez más. Este proceso continúa y llega un momento en el que el incremento de la contracción es tan grande que hace que este conglomerado empiece a girar y se transforme en un disco plano.

Segunda fase: en esta segunda etapa, que no supone ningún salto, en realidad sucede con continuidad, comienzan a producirse las reacciones nucleares que van incrementándose, y en ocasiones empieza la formación de planetas a partir del polvo que sobra y que es expulsado de la protoestrella.

Tercera fase: lo que podríamos considerar para su estudio tercera etapa es la llamada secuencia principal, que es la más larga de la vida de una estrella (siguiendo con el símil vital, podría considerarse la madurez de la estrella). En ella se encuentran las estrellas que están en la fase de transformación del hidrógeno en helio (como el Sol); ahora las estrellas brillan de manera estable y radian energía. El color, la temperatura, el brillo, el tamaño y el tiempo de vida en esta etapa dependen de la masa estelar. En la secuencia principal se encuentran los siguientes tipos de estrellas, clasificados según su color y su temperatura: enana marrón (1.000 ºC); enana roja (2.800 ºC); estrella amarilla (5.500 ºC), este es el caso del Sol, la estrella principal de nuestro sistema planetario; estrella blanca (10.000 ºC); estrella azul-blanca (16.000 ºC); estrella azul (24.000 ºC).

En el centro de la imagen, parcialmente oscurecida, una estrella recién nacida dispara chorros de gas gemelos hacia el espacio como un aviso del nacimiento del Universo.

Cuarta fase: cuando todo el hidrógeno inicial se agota, entonces el astro comienza a hincharse y empieza la fusión del helio para convertirse en carbono. Es cuando las capas externas de la estrella aparecen infladas y rojizas; este cambio es debido a que su temperatura superficial va disminuyendo paulatinamente. Las estrellas en esta etapa se llaman gigantes rojas. Este periodo es muy breve en comparación con el tiempo total de vida.

Quinta fase: el astro continúa creciendo y aumentando su diámetro hasta llegar a tragarse los planetas que lo orbitan; entonces el carbono empieza de nuevo un proceso de fusión para transformarse en hierro y la estrella acaba convertida en una supergigante roja.

Sexta fase: en la fase final del proceso de la vida de estos astros, comienza la evolución de la descomposición última; de tal modo que acaba por expulsar su parte gaseosa más externa al espacio. Esto origina lo que se denominan las nebulosas planetarias y se queda con su parte interna al descubierto. Esta parte interna puede evolucionar a distintos tipos de objetos estelares, dependiendo de su masa. Dichos cuerpos son muy interesantes.

Sabías que... En el Universo constantemente están naciendo y muriendo estrellas.
La energía que se produce en el centro de las estrellas proviene de las reacciones nucleares que transforman el hidrógeno en helio.

CÓMO SON LAS ESTRELLAS

Para estudiar las estrellas y determinar cuáles son los rasgos o propiedades físicas más importantes, que en realidad son los que hacen que las distingamos de otros cuerpos, los astrónomos tienen en cuenta la distancia; el alejamiento o cercanía condiciona la medición de todas las propiedades y su análisis y comprensión.
Dentro de la galaxia, las mediciones que se efectúan pueden ser bastante precisas y ajustadas, pero los objetos extragalácticos no se calibran con la misma exactitud.
Las propiedades más relevantes que hay que tener en cuenta en una estrella para reconocerla y catalogarla son: brillo, color, temperatura, espectro y tamaño.

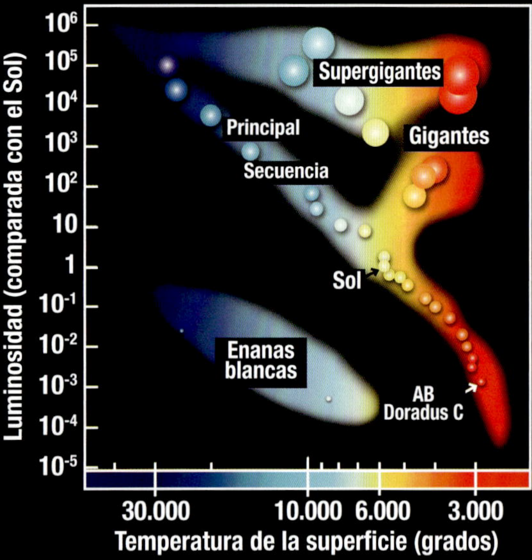

Diagrama de Hertzprung-Russell de temperaturas de las estrellas. Se representa frente a sus luminosidades. La posición de una estrella en el diagrama proporciona información sobre su estado actual y su masa.

BRILLO

El brillo estelar varía mucho de unas estrellas a otras, pero en general se definen el brillo intrínseco o luminosidad de una estrella y el brillo aparente que percibe un observador terrestre. Esto es debido a que una estrella luminosa muy alejada puede parecer menos brillante que una estrella próxima menos brillante. La escala de brillos se cuantifica con la llamada magnitud de la estrella, así se habla de estrellas de primera magnitud (las más brillantes) de segunda magnitud, etc.

COLOR

Al medir el brillo de una estrella, en realidad se está midiendo la energía que emite por unidad de área y por unidad de tiempo, pero esta energía se asocia con distintos colores; es decir, con diferentes longitudes de onda.
El ojo humano es más sensible al rojo que a otros colores, por eso una estrella roja puede parecer a simple vista más brillante que una azul, mientras que una cámara fotográfica es más sensible al azul que al rojo y sucede el fenómeno contrario. Todo eso hace que el brillo haya que referirlo al color en el que se trabaja; por eso, los astrónomos han establecido dos tipos de medidas: la magnitud visual y la magnitud fotográfica; si al observar una estrella se comprueba que estas dos magnitudes son distintas, se dice que es roja si la primera (la magnitud visual) es mayor que la segunda (magnitud fotográfica) y viceversa. Si la magnitud fotográfica es mayor que la magnitud visual se dice que es azul. Para tener una medida estándar, los astrónomos han tomado como patrón la estrella Sirio. La diferencia entre las dos magnitudes se llama índice de color, que es positivo para todas las estrellas más rojas que Sirio y negativo para las menos rojas que Sirio.

Ilustración de un Cinturón de Asteroides alrededor de la estrella Vega. Se encontró utilizando el Telescopio Espacial Spitzer de la NASA y el Observatorio Espacial Herschel.

TEMPERATURA

El índice de color descrito anteriormente proporciona información sobre la temperatura superficial de las estrellas porque sirve para determinar para cada estrella el color en el que el astro radia la mayor cantidad de energía. El proceso se podría comprender mejor con un símil: cuando se calienta un metal, a medida que aumenta su temperatura, va cambiando de color, pasa de rojo a azul, y algo parecido ocurre con el color en las estrellas.

TAMAÑO

Existen estrellas de tamaños muy diferentes, de las gigantes a las enanas hay una gran variedad de dimensiones, que también son indicativas de la etapa de la vida en que se halla la estrella; por ejemplo, la compañera de la brillante Sirio es un poco más grande que la Tierra; sin embargo, la gigante roja Antares, en la constelación de Escorpión, tiene un diámetro superior a 500 veces el diámetro del Sol. Conociendo la temperatura superficial de una estrella y su brillo intrínseco, es posible determinar su tamaño. La temperatura es un índice de la radiación emitida por cada metro cuadrado de la estrella; el brillo intrínseco contabiliza la radiación total proveniente de la totalidad de la superficie estelar, hallando la razón entre los dos parámetros se encuentra el valor de la superficie y esta medida permite determinar el tamaño.

Ilustración de la estrella supergigante Betelgeuse. Nos muestra que la estrella tiene un amplio penacho de gas casi tan grande como nuestro Sistema Solar y una gigantesca burbuja hirviendo en su superficie.

ESPECTRO

La luz de una estrella está formada por una superposición de varios colores, es decir, de ondas electromagnéticas de varias longitudes de onda diferentes. La información que se puede obtener del estudio de un espectro estelar es muy interesante porque permite que los astrónomos se hagan una idea de la naturaleza tanto de los átomos o las moléculas que forman dicha estrella como también de su abundancia relativa. Las estrellas se agrupan, según sus espectros (colores), en varias clases espectrales; estas se designan con las letras O, B, A, F, G, K y M, que en realidad se corresponden con una secuencia de temperaturas en donde las estrellas frías ocupan las últimas posiciones. (Ver tabla inferior).

En cuanto a los elementos que contienen, cabe citar de ejemplo que la clase O tiene, helio, oxígeno, carbono, nitrógeno, entre otros, y la clase K tiene metales y algunas moléculas; estos datos son muy útiles para los astrónomos, pues sirven para determinar su estado de evolución.

Clases	Ejemplos	Tipo de estrellas	Temperatura
O	A. Lacertae	Muy calientes, estrellas azules	≥ 25000 ºC
B	Rigel • Espiga	Calientes, estrellas azules	11000 - 25000 ºC
A	Sirius • Vega	Estrellas blanco azuladas	7500 - 11000 ºC
F	Canopus • Proción	Estrellas blancas	6000 - 7500 ºC
G	Sol • Capella	Estrellas amarillas	5000 - 6000 ºC
K	Aldebarán • Arturo	Estrellas anaranjadas	3500 - 5000 ºC
M	Betelgeuse • Antares	Estrellas rojas más frías	≤ 3500 ºC

TIPOS DE ESTRELLAS. EVOLUCIÓN

Los grandes procesos que tienen lugar en el Universo no son abarcables a escala humana, pero a través de la observación y el estudio es posible ir aprendiendo paulatinamente sobre los sucesos que tienen lugar en el espacio exterior y acerca de los fenómenos que se producen y que originan todo lo que existe. Los principales objetos estelares que se observan con mayor frecuencia en el espacio, como resultado de la evolución de las estrellas, se clasifican en los siguientes tipos y estructuras.

ENANAS BLANCAS

Son cuerpos de una gran densidad, 60 kg por centímetro cúbico (comparemos con el Sol que es de 1 g por centímetro cúbico). En realidad, una enana blanca es el núcleo desnudo residuo de una gigante roja cuando muere. Al terminar su vida, los demás restos de las gigantes rojas se dispersan en forma de partículas de polvo y nubes de gas, originando las nebulosas planetarias. Se han logrado detectar algunas enanas blancas, aunque estos cuerpos, a medida que se van enfriando, pierden luminosidad y se hace más difícil verlas, pero por ejemplo, si se observa la brillante estrella Sirio se aprecia que tiene una compañera, que es una enana blanca, los aficionados las suelen reconocer como Sirio A y Sirio B.

ESTRELLAS DE NEUTRONES

Las estrellas de neutrones son objetos estelares en los que toda su masa se encuentra confinada en pequeños radios de 10 a 20 km, lo que significa que sus densidades son mucho más elevadas que las de las enanas blancas. Estos cuerpos están formados por neutrones.
Los neutrones son partículas inestables que en el laboratorio se transforman en protones, electrones y antineutrinos. Pero en las condiciones estelares de materia comprimida su densidad se eleva hasta unas 100 veces por encima de las enanas blancas. El proceso que se produce es que los electrones y los protones se combinan para formar neutrones. No es fácil lograr detectar estrellas de neutrones porque su luminosidad es muy débil, aunque los nuevos métodos ayudan a encontrar a través de los púlsares las estrellas de neutrones

Imagen del Observatorio de rayos X Chandra de la NASA, de PSR B1509-58, una estrella de neutrones giratoria rodeada por una nube de partículas energéticas.

PÚLSARES

Los púlsares pueden definirse como cuerpos estelares en rotación; concretamente su estructura es la de las estrellas de neutrones, pero girando. Los púlsares se caracterizan por el enorme campo magnético que generan a su alrededor, superior en un billón de veces al campo magnético terrestre. De hecho, desde la Tierra es posible detectar la radiación procedente de un púlsar, cuando dicha radiación atraviesa la trayectoria que describe nuestro planeta. Además la extrema regularidad de las pulsaciones y su corto periodo caracterizan muy bien estos objetos a la hora de detectarlos.

SUPERNOVAS

Las supernovas se originan en algunas ocasiones porque la expulsión de la masa gaseosa externa de una estrella, que está al final de su vida, se produce de forma extremadamente violenta. Esta expulsión tiene lugar con una ruptura brusca y total (disrupción) de la estructura de la estrella. Este proceso se debe a que el núcleo central ha implosionado por efecto de su propia atracción gravitatoria. Por ello, el corazón estelar implosiona hacia una estrella de neutrones o un agujero negro.
Las enormes explosiones que tienen lugar en este violento proceso envían al espacio, en un intervalo de tiempo cortísimo, la energía que normalmente emiten

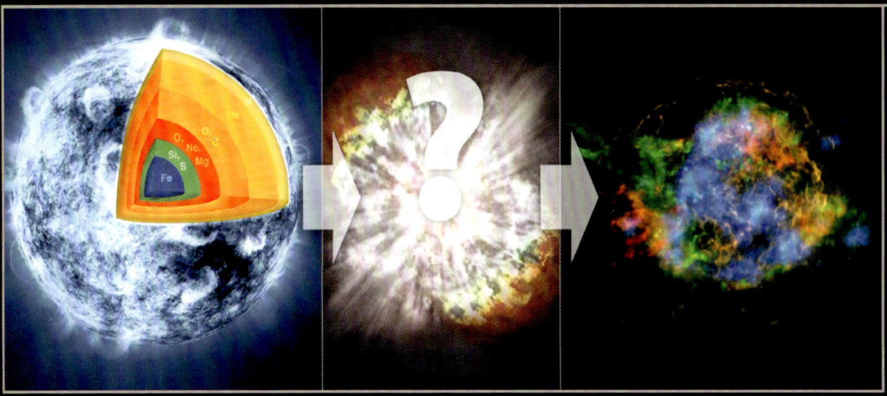

Estas ilustraciones muestran la progresión de una explosión de supernova. Una estrella masiva (izquierda), estalla en una tremenda explosión (en el centro), dispersando sus capas exteriores (derecha).

Nebulosa del Cangrejo es un «niño» de seis años luz de todo el remanente de la explosión de una supernova.

durante millones de años las estrellas de la secuencia principal; por eso la luminosidad que emiten las supernovas es muchos millones de veces mayor.

Las explosiones supernovas originan en el espacio los elementos químicos más pesados, a partir de las cuales se formarán de nuevo estrellas por colapsos gravitatorios de nubes de polvo y moléculas del espacio interestelar. Aunque la observación de supernovas no es frecuente, se detectan supernovas muy interesantes de vez en cuando. Por ejemplo, existen dos supernovas muy interesantes: una en la Gran Nube de Magallanes, muy cerca de la Tierra, y otra también cercana e importante por su elevada emisión de radio (descubierta por un astrónomo aficionado español). Aunque el registro más detallado de una explosión supernova lo ofrece la Nebulosa del Cangrejo, su interés para los astrónomos reside en que emite ondas de radio y rayos cósmicos de alta energía, es una fuente de rayos X y alberga un púlsar.

AGUJEROS NEGROS

Los agujeros negros son cuerpos de gran masa que ocupan un espacio tan reducido que podríamos tratarlos como puntos de densidad elevadísima y se denominan singularidades; estas frenan los fotones (partículas elementales portadoras de todas las formas de radiación electromagnética, no solo la luz visible) y les impiden escapar de ellos, una vez que dichas partículas han atravesado el borde del agujero negro, conocido como horizonte de sucesos. Los agujeros negros son estructuras muy complejas, algunos giran, y en general se ha detectado que no son negros al 100% y que emiten alguna pequeñísima fracción de energía a veces.

Ilustración de un agujero negro súper masivo, que son objetos enormemente densos enterrados en los corazones de las galaxias.

TIPOS DE AGRUPACIONES DE ESTRELLAS

La mayoría de las estrellas no se encuentran aisladas en el espacio, como le ocurre al Sol, la fuente de energía de nuestro sistema planetario, que es una estrella solitaria.
El grupo más numeroso de estrellas se halla formando parte de un sistema compuesto por dos o más estrellas. Aproximadamente la mitad de las estrellas que se encuentran en el Universo son dobles.
Dado que las estrellas no suelen generarse aisladamente, sino en grupos unidos generalmente a partir de una nebulosa, muchas de ellas (de hecho más de la mitad de las estrellas) se mantienen unidas como consecuencia de la atracción gravitatoria que ejercen mutuamente entre sí. Por ejemplo, Albireo es una estrella brillante que parece que se trata de una estrella única aislada, pero en realidad es una formación doble, por una parte hay una estrella gigante amarilla y además hay una enana azul. De este modo se puede afirmar que el Sol es una estrella simple bastante inusual.
Entre los principales tipos de agrupaciones de estrellas para formar sistemas múltiples cabe citar los siguientes: las binarias, las binarias eclipsantes y las estrellas variables.

Sabías que… Aunque tenemos el ejemplo del Sol, que es una estrella solitaria, lo normal es que no estén aisladas y vayan en parejas, o incluso en grupos.

ESTRELLAS BINARIAS O DOBLES

Reciben el nombre de estrellas binarias o dobles las parejas de estrellas cuya masa y tamaño son similares, y que giran alrededor de un centro de gravedad común, por la acción de su propia gravedad. Al observar estos sistemas, se ven las dos estrellas bien diferenciadas, y el modo como giran la una con respecto a la otra.

ESTRELLAS BINARIAS ECLIPSANTES O FOTOMÉTRICAS

Se denominan estrellas binarias eclipsantes o fotométricas a los sistemas binarios de estrellas en los que una de las dos estrellas oculta regularmente a la otra. En realidad, se trata del mismo tipo de asociación descrito en el párrafo anterior, pero debido a su posición con respecto a nuestro planeta, desde la Tierra se observan de forma lateral, de tal modo que periódicamente cada miembro del par se pone uno en el camino del otro.
Un ejemplo típico de binaria eclipsante es la estrella Algol, en la constelación de Perseo. Esta estrella doble está formada por una componente muy brillante y otra más débil que giran en el plano de visión de la Tierra. Cuando la más débil eclipsa a la más brillante, lo que se observa es un decrecimiento del brillo aparente; pero cuando ocurre el fenómeno contrario, y la más brillante eclipsa a la más oscura, aumenta extraordinariamente el brillo que se aprecia.

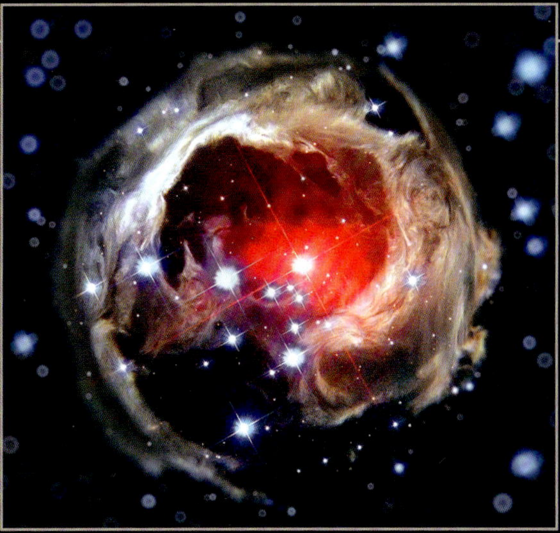

V838 Monocerotis es una estrella variable roja en la constelación de Monoceros.

ESTRELLAS VARIABLES

Las estrellas variables son un tipo de estrellas que presentan un brillo que varía con el tiempo, generalmente en ciclos regulares, los cuales se pueden determinar perfectamente. Pero también hay algunas estrellas variables no regulares que muestran fluctuaciones totalmente irregulares.

ESTRELLAS VARIABLES CEFEIDAS

Un caso muy interesante y especial de estrellas variables son las variables Cefeidas. Las estrellas conocidas como variables Cefeidas son agrupaciones de estos astros muy útiles para los astrónomos pues sirven para indicar la distancia a la que se encuentran algunos grupos de estrellas lejanas.

Las Cefeidas son estrellas amarillas muy brillantes más masivas que el Sol y sus periodos oscilan en un rango que va de varios días a varios meses. Así, una Cefeida brillante necesita entre dos y tres meses para completar su ciclo de cambios, mientras que una Cefeida débil precisa unos pocos días.

Existe un grupo de Cefeidas próximo a la Tierra para las que fue posible estimar su brillo intrínseco. Con los datos obtenidos de los valores de estas Cefeidas más próximas, a los científicos les fue posible establecer una relación entre su brillo y su periodo de variación.

De esta manera, haciendo la suposición de que la relación se mantiene para las Cefeidas en otros lugares del Universo, es posible determinar el brillo de cualquier Cefeida, midiendo solo su periodo de variación.

Posteriormente, una comparación entre el brillo intrínseco y el brillo aparente permite obtener la distancia a la que se hallan estas estrellas.

CÚMULOS ESTELARES

Los cúmulos de estrellas son agrupaciones de estrellas que se mueven conjuntamente. Estas estrellas son de todas las edades, desde las que acaban de nacer hasta las más viejas. Un ejemplo de cúmulos interesante lo constituyen las Pléyades en la constelación de Tauro.

CÚMULOS GLOBULARES

Existe otro tipo de formaciones estelares llamadas cúmulos globulares, estas constituyen un gran ensamblaje de estrellas distribuidas en forma de halo o corona alrededor del disco central de una galaxia. A simple vista, un gran cúmulo globular se observa en una noche clara: aparece en forma de manchas débiles de luz, pero observados a través del telescopio se presentan como fantásticos agregados de estrellas de forma esférica, brillantes y más densos hacia el centro que hacia las orillas. Un ejemplo muy interesante es el gran cúmulo de Hércules, del que solo se pueden apreciar las estrellas más brillantes.

Esta imagen del Hubble muestra RS Puppis, un tipo de estrella variable conocida como variable de Cefeida. RS Puppis es inusual, está envuelta por espesas y oscuras nubes de polvo que permiten un fenómeno conocido como eco de luz, que se muestra con una claridad sorprendente.

Cúmulos estelares

Se trata de agrupaciones de miles de estrellas atraídas entre sí por su gravedad y que se presentan como una concentración de puntos luminosos de dos tipos: abiertos y globulares.

LAS PLÉYADES

A 400 años luz de distancia de nuestra posición se encuentra el cúmulo de las Pléyades, que se pueden detectar en la impresionante constelación zodiacal de Tauro. Se halla visible en el hemisferio septentrional.
Este cúmulo estelar es fascinante, visto en forma grupal, aunque sus estrellas individualizadas no son excesivamente brillantes, al menos a simple vista, pero observado como grupo vale la pena. Hay seis o siete estrellas que se distinguen bastante bien en condiciones suficientemente buenas. La estrella más brillante de todas se llama Alcione y ocupa la parte más oriental del grupo. Delante de las cuatro estrellas de más brillo hay una especie de capa nebulosa, debido a una nube de polvo interestelar en el que se halla sumergido el cúmulo.
Este cúmulo estelar es joven en relación con las edades propias de los objetos del Universo, y eso traducido en años terrestres significaría solo unos pocos cientos millones de años. Los astrónomos estudian a estas «jovencitas» Pléyades porque eso ayuda a entender mejor la evolución de las estrellas.

Pléyades, un cúmulo estelar impresionante.

Cúmulo de Perseo.

EL DOBLE CÚMULO DE PERSEO

Este cúmulo doble se halla a 7.000 años luz y a 8.100 años luz de nuestra posición. Es observable en las noches oscuras de septiembre en el hemisferio septentrional. Se detecta como una luminosa algo difusa situada entre las constelaciones de Perseo y Casiopea. Observándolo con ayuda de prismáticos parece una especie de figura que se entrecruza como un ocho; pero si se dispone de un telescopio, aunque no sea de muchos aumentos, se aprecia una especie de jardín repleto de estrellas, y el grupo más luminoso se sitúa hacia el oeste. Los dos cúmulos estelares tienen aproximadamente 10.000.000 de años, aunque quizá el más lejano es un poco más viejo. Se cree esto porque contiene estrellas supergigantes bastante mayores tanto en su interior como en los bordes de la formación. Las estrellas más viejas se sitúan entre los dos cúmulos y se pueden detectar con un telescopio.

HÉRCULES

A 21.000 años luz de distancia también en el hemisferio norte encontramos este cúmulo, uno de los más bonitos para observar desde las zonas boreales. Este cúmulo tiene forma globular y su estrella más septentrional se llama Hércules. Este cúmulo se puede ver a simple vista en las noche limpias y oscuras, siempre lejos de zonas urbanas. Mirando a ojo no se distinguen muy bien sus componentes, y casi parece una estrella borrosa. Con la ayuda de prismáticos se distingue un poco mejor, pero siempre es preferible usar un telescopio.
Hércules es un cúmulo rico y compacto, que debe de tener un millón de estrellas en una región de unos 100 años luz de diámetro. El cúmulo de Hércules es bastante viejo; seguramente es uno de los cúmulos más vetustos que están al alcance de nuestra vista.

OMEGA CENTAURI

El cúmulo Omega Centauri se halla visible en el hemisferio austral y se encuentra situado a 17.000 años luz de nuestra posición.

Nos encontramos aquí con un gran cúmulo globular, que se puede ver a través de pequeños telescopios. Si se mira con unos prismáticos, parece un conjunto granular, pero es preferible buscar la manera de mirarlo a través de un telescopio.

Su núcleo mide unos 100 años luz. Es una especie de bola un poco chata, repleta de estrellas y que se va difuminando a medida que la mirada la fijamos en el borde, hasta desaparecer de una manera débilmente difusa.

Esta forma ovoide, que no es muy usual en la mayor parte de los cúmulos globulares, ya que son más esféricos, seguramente se debe al elevadísimo número de estrellas en movimiento que contiene, más de un millón.

EL JOYERO

El Joyero es otro cúmulo austral situado a 8.800 años luz de nuestra posición en la constelación de la Cruz del Sur. Es una agrupación de unas 50 estrellas, más o menos, que alternan las de vivísimo color rojo con las de un azul muy brillante. Recibe su nombre porque algunos consideran que parece una pieza de joyería como un collar o una pulsera.

Aunque es un cúmulo que se puede distinguir a simple vista en cielos muy oscuros y por tanto alejados de las zonas urbanas, es mejor observarlo con un telescopio o con la ayuda de prismáticos. Una buena época para observarlo son las noches de junio porque se ve muy alto en el cielo.

Al sur de esta agrupación se vislumbra una especie de hueco carente de estrellas, que es una nube densa de polvo interestelar, una nebulosa oscura cercana a nuestra posición y que se ve a ojo.

Sabías que... John Herschel (1792-1871), gran astrónomo británico, contó que este cúmulo le parecía un cofre lleno de piedras preciosas, y de ahí viene el nombre por el que tan gráficamente se le designa: el Joyero.

Hércules, un cúmulo de forma globular.

Omega Centauri, un cúmulo con gran número de estrellas.

El Joyero.

Galaxias

El Universo primitivo era una especie de «sopa» formada por gas y materia, componentes que estaban esparcidos con un cierto grado de homogeneidad. Sin embargo, la distribución de la densidad no era similar en toda la sopa; por eso, como la gravedad en las zonas más densas era mayor que en las zonas de menor densidad, estas empezaron a desplazarse hacia las de mayor densidad.

ESTRELLAS Y GALAXIAS

En este proceso inicial, la materia comenzó a contraerse hacia el centro y al mismo tiempo a girar; la condensación continuaba y la velocidad de giro iba en aumento y así empezaron a formarse las primeras estrellas. Las distintas velocidades de giro que alcanzaron esta especie de galaxias primigenias (protogalaxias) fueron decisivas para que se formaran galaxias de mayor o menor tamaño; las más lentas dieron lugar a las galaxias más pequeñas, mientras que las más rápidas fueron el origen de las galaxias de mayor extensión. Por esta vía, en el periodo de algunos cientos de millones de años llegaron a crearse un gran número de galaxias.

La Nebulosa de la Llama se encuentra en la cadera oriental de Orión, el Cazador, una constelación fácilmente visible en el hemisferio norte durante las noches de invierno.

DINÁMICA DEL ESPACIO INTERESTELAR

A medida que evolucionan, las galaxias van perdiendo parte del gas que contienen. Así, por ejemplo, en la etapa actual de nuestra galaxia o en otras similares a ella, el gas representa solo una fracción muy pequeña de la materia que se puede observar, aproximadamente el 10%.

A partir del gas inicial se formaron las primeras estrellas; de hecho la actividad continúa y se siguen formando nuevos objetos estelares; sin embargo, como ya se ha señalado, las galaxias contienen cada vez menos cantidad de gas, pues aunque algunas estrellas devuelvan al espacio parte del material con que fueron creadas, existen cada

Ilustración de cómo el Universo muy temprano (más o menos un billón de años) podría haberse visto, protogalaxias.

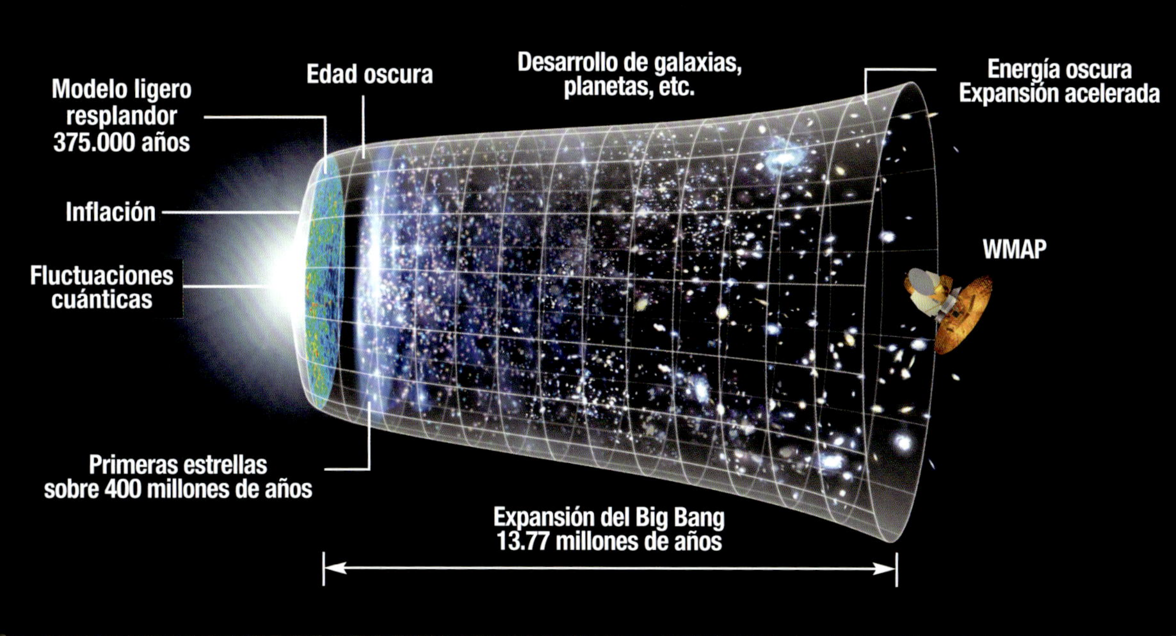

Una representación de la evolución del Universo a través de 13.77 millones de años.

vez más estrellas «fósiles»; es decir, estrellas que no envían materia útil al espacio. Concretamente son: enanas blancas, estrellas de neutrones y agujeros negros. Expresado de otro modo, el número de gigantes azules (que son estrellas de mayor tamaño dentro del grupo de las de su etapa media, aunque son más pequeñas que las gigantes rojas) va disminuyendo y en consecuencia las galaxias envejecen.

RAYOS CÓSMICOS

En el espacio interestelar también se detecta otro componente importante: los rayos cósmicos, que son partículas cargadas (principalmente electrones y protones) que proceden posiblemente de explosiones de supernova, y viajan a velocidades próximas a las de la luz. A la superficie terrestre llega tanta energía en forma de rayos cósmicos como en forma de luz proveniente de las estrellas, una fracción nada despreciable de los rayos cósmicos que visitan la Tierra son demasiado energéticos para proceder de nuestra propia galaxia.
La trayectoria que siguen los rayos cósmicos que atraviesan la atmósfera perturban las partículas atmosféricas, dando como resultado algunos otros tipos de partículas: los rayos cósmicos secundarios. Como promedio, incide un rayo cósmico secundario (como mínimo) por centímetro cuadrado y por minuto al nive del mar.

CRONOLOGÍA DEL UNIVERSO

Según las estimaciones que hacen los científicos el Universo conocido debe contener unos 100.000 millone de galaxias, que suelen estar agrupadas en supercúmulos, que se sitúan separadas entre sí por grandes vacíos.
En la actualidad, la teoría que explica mayor número de hechos conocido, que es la de la gran explosión, el conocido Big Bang, fija el origen del Universo unos 15.000 millones de años atrás. Aproximadamente 300.000 años más tarde aparecieron las primeras formaciones materiales, y 11.200 millones de años después surgieron los primeros conatos de vida. En el momento del Big Bang, en el que la enorme explosión crea el germen de toda la materia que existe, y a partir d la cual se fueron formando las galaxias con las estrellas, empezó a expandirse el Universo. Esta es la etapa en la que se halla en la actualidad.
Los astrónomos se plantean la duda de si el Universo puede crecer indefinidamente, o si quizá alcance un tamaño máximo a partir del cual empiece a prevalecer la atracción de la «materia oscura» (material de las regiones vacías del Universo) sobre las galaxias; en este caso, el

iguiente paso sería la gran contracción de la materia en un unto de densidad infinita (Big Crunch), y entonces currirría otra gran explosión y empezaría otro ciclo de xpansión y contracción. Esto es una posibilidad plausible. l modelo cíclico del Universo es muy atractivo, pero or el momento se ignora si es correcto. La clave de la espuesta se halla en la densidad promedio actual del Jniverso; si fuese inferior a cierto valor crítico, el Jniverso sería abierto y continuaría expandiéndose ndefinidamente; mientras que si la densidad fuese uperior a dicho valor, el Universo estaría cerrándose y en lgún momento se produciría la gran contracción y lespués otra gran explosión.

IPOS DE GALAXIAS

pesar de que existen gran cantidad de galaxias, se ueden clasificar para su estudio según tres grandes grupos: galaxias espirales y galaxias elípticas, entre las uales se encuentran prácticamente todas las galaxias de gran tamaño, y galaxias irregulares, denominación con que se conocen todas las pequeñas galaxias cuyas structuras son más caprichosas o fortuitas que las nencionadas anteriormente.

Messier 83 (Sur Galaxia del Molinillo) es una galaxia espiral en la constelación de Hydra.

GALAXIAS ESPIRALES

Las galaxias espirales son una especie de discos achatados formados por algunas estrellas viejas, situadas en el propio disco de la espiral, y rodeado por una gran población de estrellas jóvenes, nubes de polvo y gas, y nubes moleculares que son las que dan lugar al nacimiento de las estrellas, con frecuencia estas regiones se suelen encontrar en los brazos espirales.

Las galaxias espirales pueden presentar distintos grados de enrollamiento, por eso se pueden observar algunas muy apretadas; otras moderadamente apretadas, como la nuestra; y algunas muy holgadas, en las que los brazos

a Vía Láctea, perteneciente al Grupo Local de Galaxias.

están desparramados por una gran extensión. Las observaciones hechas sobre galaxias espirales parece ser que apuntan a que algunas de ellas tienen una especie de «barra» central además del núcleo achatado; este tipo de galaxias se designan con el nombre de espirales barradas, como ocurre en la Vía Láctea.

Otras galaxia espiral importante es Andrómeda, muy similar a la nuestra, pero de mayor tamaño y mucho más brillante. Esta galaxia se puede observar perfectamente desde la Tierra. De hecho es el objeto lejano más brillante que se puede observar mirando el cielo a simple vista. La galaxia del Molinillo se puede observar de frente mirando hacia la constelación del Triángulo.

La galaxia del Remolino situada a la cola de la constelación de la Osa Mayor se puede observar también de frente, aunque a veces parece una galaxia doble, porque de ella parece que cuelga otra pequeña galaxia de sus brazos. En la constelación de la Cabellera de Berenice, se puede observar la galaxia del Ojo Negro; si la observación se realiza en una noche clara con un telescopio de un tamaño moderado, se aprecia en esta galaxia una especie de «ojo negro» cerca del centro, y de ahí recibe su nombre. Realmente la zona oscura corresponde a una región de polvo que no está iluminada por las estrellas.

GALAXIAS ELÍPTICAS

Lo primero que llama la atención al observar las galaxias elípticas es su tamaño, que resulta mucho mayor que el de las espirales, pero también su brillo. En cuanto a su forma, hay gran variedad de tipos elípticos, desde las perfectamente redondas hasta las muy ovales. Los elementos que contienen estas gigantes suelen ser gran cantidad de estrellas viejas, pocas nubes de polvo y gas, y solo alguna pequeña cantidad de estrellas jóvenes.

Ejemplos de galaxias elípticas interesantes son la M87, formada por unos 87 billones de estrellas, una de las más grandes del Universo: parece que en su interior puede contener un gran agujero negro; la M87 se puede localizar hacia la región de Virgo. También en la región de Virgo, por otra parte una de las más pobladas de estrellas del Universo, están otras dos galaxias elípticas más débiles, las conocidas como M84 y M86.

Imagen que muestra la profundidad del halo alrededor de la galaxia elíptica gigante Messier 87.

GALAXIAS IRREGULARES

Este tipo de galaxias son demasiado pequeñas para presentar alguna forma organizada, tipo espiral o elíptica, por eso antes se creía que eran galaxias muy poco pobladas, pero descubrimientos recientes en las constelaciones de La Bomba (o Máquina) Neumática y La Quilla han puesto en evidencia lo contrario. En el Grupo Local de Galaxias, al cual pertenece la Vía Láctea, hay más de veinte pequeñas galaxias irregulares, como La Gran Nube de Magallanes y La Pequeña Nube de Magallanes.

No se conoce la causa por la que algunas galaxias sean irregulares; en algunos casos, las pequeñas galaxias hacen de satélites de otras mayores y por acción gravitatoria, se deforman. En otros casos, son galaxias en plena actividad, y modifican su luminosidad.

Gran Nube de Magallanes.

GALAXIAS INDIVIDUALES Y GALAXIAS SOCIALES

Las galaxias casi nunca se presentan aisladas; las galaxias solitarias se suelen conocer como galaxias de campo. En realidad galaxias de campo no hay demasiadas, de este tipo solo se han catalogado algo más de una veintena. En general, la mayor parte de las galaxias se hallan distribuidas en diferentes agrupaciones, que en ocasiones se encuentran formando parte de otras superestructuras aún mayores, cúmulos de galaxias, etc.

EL GRUPO LOCAL Y LOS CÚMULOS DE GALAXIAS

La galaxia que alberga nuestro Sistema Solar, la llamada Vía Láctea, no está aislada, sino que vive acompañada de una treintena de otras galaxias, algunas bastante similares, y otras más pequeñas e irregulares; en realidad forman el conjunto que se conoce como Grupo Local, y entre sus principales miembros, además de la propia Vía Láctea, se encuentra la galaxia de Andrómeda, que es la mayor de todas, y se suele definir como una galaxia gigante, ya que se puede ver a simple vista, es bien conocida desde tiempos muy antiguos.

En cuanto a su tamaño aproximado, es el doble que el de nuestra galaxia, está diez veces más lejos que las Nubes de Magallanes, y se conoce también como la galaxia M31 (en honor al astrónomo Charles Messier, que, en el siglo XVIII, realizó el catálogo de los objetos estelares).
Las otras galaxias visibles a simple vista de nuestro Grupo Local son las mencionadas Nubes de Magallanes, que tienen cien veces menos estrellas que Andrómeda, pero son vecinas cercanas de gran interés para nosotros. Respecto a este par de galaxias hay que destacar que se trata de dos formaciones estelares diferentes: la Gran Nube de Magallanes que se halla en la constelación de El Dorado, y la Pequeña Nube en la de Tucán. Ambas se encuentran unidas entre sí por una especie de nube gaseosa a modo de puente, formando lo que se ha dado en llamar Corriente Magallánica. Como dato histórico curioso, es interesante constatar que estas pequeñas galaxias reciben este nombre en honor del explorador Fernando de Magallanes, que en el siglo XVI observó estas dos nubes estelares y dejó constancia de ello.

EL TAMAÑO DE UN SISTEMA PLANETARIO COMO EL NUESTRO EN SU GALAXIA

Los sistemas planetarios de las estrellas se ubican en el seno de galaxias, y son pequeñas estructuras muy dinámicas. Para verlo con un ejemplo pensemos en el Sistema Solar situado en la galaxia donde vive. El planeta más alejado del Sol es Neptuno (unas 30 Unidades Astronómicas, UA considerando la Tierra a distancia 1 UA). Más allá, a una distancia comprendida entre 30 UA y 100 UA, está el cinturón de Edgewerth-Kuiper, que está poblado de cometas sometidos a la atracción gravitatoria del Sol; también esta región está poblada por numerosos asteroides de diversas familias y distintos tipos. Se cree que en esta parte externa debe haber una población de más de 70.000 pequeños objetos que tienen un diámetro menor de 50 km.
Al ampliar nuestra mirada y abarcar la Nube de Oort que se aleja más allá de 100.000 UA con respecto al Sol y

En el cielo nocturno sobre uno de los telescopios del VLT, se puede ver el resplandor azul de la Gran y de la Pequeña Nube de Magallanes, así como el pálido resplandor

Ilustración de un sistema planetario.

que supone más o menos la parte limítrofe en lo que se refiere a la influencia gravitatoria de nuestra estrella. Esto nos puede hacer reflexionar sobre el largo viaje que hay que emprender para escapar de la influencia gravitatoria del Sol y salir del Sistema Solar. Por ejemplo, si pudiéramos construir una nave que viajara a la velocidad de la luz (300.000 km/s) tardaríamos 1,6 años luz en escapar de nuestro sistema planetario. Debemos plantearnos la idea de viajar no de modo muy convencional en caso de que pensemos escapar de nuestro sistema, de lo contrario se necesitarían tantas generaciones de humanos para escapar que se pierde la huella de nuestros descendientes.

¿CÓMO SE MIDEN LAS SEPARACIONES ENTRE GALAXIAS?

Para cualquier astrónomo determinar a qué distancia se encuentra una galaxia por la simple observación con un telescopio no es una tarea sencilla porque hay muchos datos que pueden inducir a error; por ejemplo, se puede observar quizá mucho mejor una galaxia gigante, aunque esté muy alejada, que otra más pequeña, pero más próxima. Lo que se suele hacer es comparar el brillo de los objetos de una galaxia desconocida con los de la nuestra; para este propósito son útiles las estrellas cuyo brillo varía periódicamente, ya que el periodo de pulsación está relacionado con el brillo intrínseco de la estrella. Así, observando la frecuencia (o el periodo) se puede calcular y comparar el brillo verdadero con el brillo aparente; de este modo se puede deducir la distancia.

GALAXIAS: ESTRUCTURAS EN EVOLUCIÓN

El Universo, con sus galaxias, cúmulos de galaxias y todos los elementos constituyentes son estructuras muy dinámicas; es decir, en proceso de formación, transformación y desarrollo. No solo en sí mismas, sino afectando al Universo interior a ellas mismas y al Universo externo.

GALAXIAS ACTIVAS

Aunque la escala temporal humana no permite apreciar la actividad que la mayoría de las estructuras galácticas pudieran llevar a cabo, existe un determinado tipo de estas formaciones estelares que presentan variaciones temporales apreciables a la medida de los seres humanos, lo que hace a los científicos suponer que en dichas estructuras tienen lugar procesos altamente energéticos; ciertamente no es que se observe que las variaciones

FORMACIÓN DE GALAXIAS

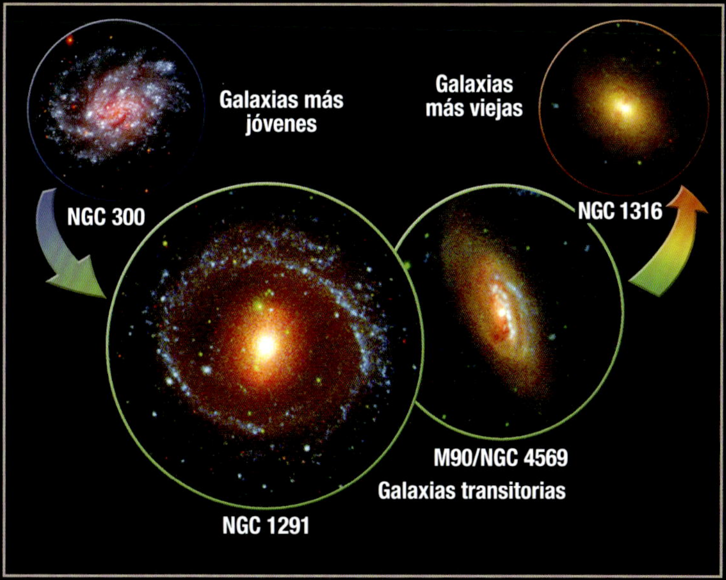

Nuevas pruebas de GALEX (Galaxy Evolution Explorer) de la NASA apoyan la teoría tradicional de que muchas galaxias comienzan su vida como espirales más pequeños antes de transformarse en grandes galaxias, en forma elíptica.

Esta imagen nos muestra una fase rara de un par de galaxias en colisión llamada NGC 6240, una fase corta de su evolución justo antes de que se fundan en una sola, una galaxia más grande.

tienen lugar en toda la galaxia, sino que normalmente solo son apreciadas en la parte del núcleo, pero aun así estas observaciones del núcleo galáctico son suficientes para que la citada actividad sea observable, y al ser detectada es posible estudiarla y avanzar en el conocimiento general.

Los principales tipos de galaxias activas se suelen encuadrar en alguno de estos tres grupos: las radiogalaxias, las galaxias de Seyfert y los cuásares.

LAS RADIOGALAXIAS

Las dimensiones espaciales de las radiogalaxias son descomunales en comparación con las de cualquier galaxia media. Estas estructuras están formadas en esencia por dos partes bien diferenciadas que son emisoras de energía separadas una distancia tan enorme que entre ellas cabe situar una galaxia elíptica, apenas perceptible, pero que permite la determinación de la distancia de la radiofuente.

Dichas partes, más conocidas como lóbulos, parece que fueron expulsadas del núcleo (centro) de la galaxia elíptica, aunque aún no se ha podido determinar cómo se produjo esta expulsión.

La descripción efectuada en el párrafo precedente se corresponde con el modelo realizado al estudiar una de las radiofuentes más importantes, la llamada Cygnus A. Esta radiofuente, la Cygnus A, en nuestros días sigue siendo una de la radiofuentes más potentes de las que se observan en el cielo; fue descubierta en 1939. En 1951 se detectó la primera radioestrella, mirando el cielo hacia la constelación de Casiopea. También se han encontrado fuentes de radio en la Vía Láctea.

LAS GALAXIAS DE SEYFERT

Esta variedad de galaxias activas debe su nombre al astrónomo estadounidense Carl K. Seyfert (1911-1960), quien detectó por primera vez galaxias de estas características en 1943. Estas estructuras estelares están dotadas de un núcleo activo tan intenso y brillante, que cuando se observan con un telescopio a baja exposición solo se distingue dicho núcleo, y aparece como un punto. Para observar la galaxia espiral completa, es preciso someterla a una alta exposición; en definitiva, esto significa que el núcleo brilla tanto como el resto de la galaxia. El brillo del núcleo proviene de las líneas espectrales de emisión de gas muy ionizado. La emisión se produce por la acumulación de materia constituyendo un agujero negro supermasivo que alberga su centro. El espectro electromagnético de las galaxias de Seyfert presentan líneas de emisión de hidrógeno, helio,

Dos galaxias, a unos 50 millones de años luz de distancia, en un abrazo galáctico. Vemos el Seyfert NGC 1097, en el centro de la imagen, en la constelación de Fornax (el Horno) en comparación con su compañera, una pequeña galaxia elíptica, NGC 1097A, en la parte superior izquierda.

nitrógeno y oxígeno, estas líneas son importantes por su brillo.

Lo cierto es que no son las únicas galaxias con núcleos activos. Otras estructuras galácticas tipo galaxias espirales clásicas tienen también núcleo activo, aunque en realidad se posee menos información sobre ellas.

LOS CUÁSARES

Los cuásares constituyen los ejemplos más impresionantes de galaxias activas. El nombre que usamos en español proviene del inglés quasar (*quasistellar radio source*). Lo que sucede es que muchísimas veces algunos de estos objetos no emiten en frecuencias de radio, los astrónomos prefieren la denominación *quasistellar objets*, objetos cuasiestelares. Su apariencia es puntual y se perciben como una estrella brillante, pero las distancias a las que se hallan son tan elevadas, que resulta (no se ha detectado ningún cuásar que parezca aproximarse) muy difícil el cálculo ajustado de dichas distancias.

Como ejemplo cabe señalar que uno de estos objetos puede emitir más energía que la energía total que emite la Vía Láctea, lo que lleva a pensar en la enorme masa que deben contener estos cuerpos.

Para poder observar los cuásares es necesario utilizar radiotelescopios de gran potencia. Las hipótesis que se barajan en cuanto a la naturaleza de estos objetos parecen indicar que se trata de los núcleos muy energéticos de galaxias muy jóvenes y muy lejanas, y la enorme cantidad de energía que emiten puede provenir de grandes agujeros negros en su interior.

Se han detectado cientos de miles de cuásares, y todos son muy lejanos (esto se expresa diciendo que presentan un gran corrimiento hacia el rojo); el que parece encontrarse más próximo estará a 13.000 millones de años luz. Definitivamente, son los objetos más luminosos del Universo. Mirando hacia la constelación de Virgo se puede encontrar el más brillante y se puede ver con un telescopio de aficionado. Si estuviera un poco más próximo a nosotros se vería más brillante que el Sol, pues su luminosidad es cien veces mayor que la de toda nuestra galaxia.

Sabías que… Las primeras estrellas se formaron a partir del gas inicial.
Los rayos cósmicos son partículas cargadas cuyo origen está en explosiones de supernova. Se ha descubierto que una fracción de los rayos cósmicos que visitan la Tierra son demasiado energéticos como para que su origen esté en nuestra galaxia.
Las teorías vigentes del Universo en expansión y de la formación de cúmulos de galaxias que a su vez se reúnen en supercúmulos, que se van alejando entre sí, hacen muy difícil el establecimiento definitivo de distancias y separaciones entre galaxias.

Cuásar brillante en el espacio profundo.

La Vía Láctea

La Vía Láctea se ha considerado como una galaxia espiral de tipo medio, con un disco perfectamente delimitado que queda bien definido por las estrellas brillantes y azules que giran alrededor del centro de la galaxia. El diámetro galáctico tiene un valor aproximado de 10.000 años-luz y su grosor está en 3.000 años-luz; el material que constituye la galaxia se halla en forma de gas, polvo y estrellas.

LA FORMA DE NUESTRA GALAXIA

En el disco galáctico de la Vía Láctea predominan las estrellas brillantes, azules y jóvenes, aunque también hay estrellas de todas las edades; además existe otra zona perteneciente también al interior de la galaxia llamada bulbo, más pequeña y de aspecto más esférico, que está poblada por estrellas rojizas y menos brillantes; además se conoce otra región muy amplia también de distribución esférica, pero con poca densidad estelar, que se llama halo, y la característica más importante de esta región es la presencia de agrupaciones muy compactas de estrellas de primera generación, los cúmulos globulares; en estas formaciones se encuentra el material inicial del que se constituyó la galaxia, y por eso es muy interesante establecer la edad de las estrellas que la conforman.

El Sol se halla en el disco de la galaxia, relativamente cerca del centro, a una distancia de unos 25 mil años luz; como se encuentra en el plano de la galaxia dentro del disco aparece a la vista como una «vía láctea», de ahí su nombre. La dirección hacia el centro (constelación de Sagitario) tiene muchas estrellas y por eso se ve muy brillante; mientras que la dirección hacia la constelación del Auriga (Cochero), la opuesta, tiene menos estrellas y parece mucho menos brillante.

Sin embargo, las observaciones efectuadas por el Spitzer Space Telescope que fue lanzado por la NASA en 2003 y que astrónomos estadounidenses analizaron, han proporcionado nuevas informaciones acerca de la conformación de nuestra galaxia. Se ha visto que una estructura en barra se mueve cerca del centro de la galaxia. Así, nuestra galaxia pertenecería al grupo de las galaxias espirales barradas. En general las galaxias espirales barradas son galaxias espirales con una franja central de estrellas muy luminosas que abarcan los extremos de la galaxia. Al final de la barra parece que surgen los brazos espirales (en las galaxias espirales sin barra los brazos espirales emergen directamente del centro de la galaxia). Hasta ⅔ del número total de galaxias son espirales.

Sabías que… Hasta hace poco tiempo se pensaba que la mayor parte de las galaxias espirales no tenían barra, pero hay muchas galaxias espirales barradas. Las barras influyen en el movimiento de las estrellas y en los gases interestelares.

EL CENTRO DE LA GALAXIA

La gran masa de la galaxia es tan enormemente superior a la masa del Sol que no solo debe contener estrellas normales (y sistemas planetarios), sino que ha de estar formada seguramente también por alguna clase de cuerpos extremadamente pesados y un cuerpo central. Con los conocimientos actuales, la única solución plausible es un agujero negro en su interior. La gran masa conocida de nuestra galaxia y la gran cantidad de cuerpos que pueden observarse con la ayuda de telescopios y radiotelescopios no suman ni el 10% de la masa total detectada. Se ha comprobado que ocurre lo mismo con otras galaxias y grupos de galaxias y casi todos los astrónomos piensan que la mayor parte de la masa que existe en el Universo es materia oscura (materia que no emite ni refleja luz). En realidad, no se conoce con seguridad qué es la materia oscura, aunque de su existencia cada vez hay menos dudas. En muchos casos se opina que quizá cierto tipo de neutrinos, o algunas partículas aún desconocidas. Y se piensa que el 70% de la energía del Universo tampoco se conoce.

Ilustración de la actividad frenética en el centro de la Vía Láctea.

La Vía Láctea sobre el Parque Nacional de Mount Cook.

¿PODEMOS VER NUESTRA PROPIA GALAXIA?

El empeño y la curiosidad por «ver» nuestra propia galaxia o los elementos que la constituyen es relativamente reciente. Este interés tardío es un hecho comprensible; Kepler y Galileo por ejemplo, que ya estaban perfectamente imbuidos de la teoría heliocéntrica, tenían que centrar todas sus fuerzas y empeños en presentarla al mundo y seguir ampliando su conocimiento de la misma.

En fin, lo que sabemos por el momento de la Vía Láctea es que fundamentalmente es una colección variada de estrellas; las estrellas individuales y aisladas que forman nuestra constelación no brillan lo suficiente como para que podamos discernirlas sencillamente a simple vista, en las ocasiones contemplativas. La Vía Láctea para nosotros es una especie de nube, lo que nos proporciona una idea engañosa, pues a veces pequeñas estrellas lejanas nos pueden parecer más brillantes que otras más próximas y grandes. No obstante, dado que cada vez disponemos de más información, somos muy optimistas y creemos en la capacidad de mejorar nuestro conocimiento.

Andrómeda y Triángulo

La grandiosa formación galáctica de Andrómeda es la más querida para los observadores del hemisferio norte, además de ser la galaxia hacia la que se dirige nuestra propia galaxia, la Vía Láctea. Es la más próxima a la nuestra y tiene un tamaño comparable a la nuestra.

LA GALAXIA ANDRÓMEDA

Además de ser la de mayor tamaño, es la más brillante de todas las que se observan en el hemisferio norte. En las noches oscuras es visible a simple vista unos 3° al noroeste de la constelación del mismo nombre. Aparece con el aspecto de una mancha borrosa cerca de las estrellas de esa constelación. No es difícil intentar localizarla, si el lector acepta el reto y consigue ubicarla y logra ver a 2,5 millones de años luz de distancia... Si se dispone de telescopios o al menos de unos pequeños prismáticos es posible ver más detalles.

De las galaxias que conforman el Grupo Local, a la cual pertenece también la nuestra, Andrómeda es la de mayor tamaño, y mayor brillo. El Grupo Local contiene aproximadamente unas 30 galaxias pequeñas y tres de mayor tamaño, entre las que se localizan además de la nuestra y la de Andrómeda, la galaxia del Triángulo.
Andrómeda es una galaxia espiral, de una luminosidad algo mayor que la Vía Láctea. Mirándola desde nuestra posición parece que está de perfil porque forma un ángulo de 15 grados con nuestra propia línea de visión.
El telescopio espacial Hubble fotografió su núcleo, y en él se detecta una estructura doble con dos focos calientes separados algunos años luz. Ambos núcleos se mueven uno con respecto del otro y uno está deshaciendo al otro, en la actualidad se supone que se trata de un disco de estrellas que a su vez contiene otro disco de estrellas.
Los núcleos de la mayor parte de las galaxias son lugares bastante violentos y con frecuencia contienen agujeros negros muy masivos.
La galaxia de Andrómeda también es una galaxia espiral barrada, similar a la Vía Láctea. La estructura de Andrómeda es bastante difícil de determinar con mucha

Galaxia del Triángulo.

precisión por la visión lateral. Pero parece que la galaxia de Andrómeda, lo mismo que la nuestra, se encuentra en una zona intermedia de producción de estrellas, no es de las que originan muchas y a gran velocidad, pero tampoco de las que tienen baja producción.

Situándonos en Andrómeda, veríamos nuestra galaxia igual que nosotros la observamos; es decir, de perfil, pero un poco más oscuro por el polvo galáctico.

LA GALAXIA DEL TRIÁNGULO

La tercera gran galaxia del Grupo Local es la del Triángulo, que está a 2,9 millones de años luz, al sureste de Andrómeda. Se encuentra orientada de frente y se ve con poco brillo, por lo que resulta difícil de localizar. Apenas se puede ver con prismáticos en cielos limpios y oscuros, incluso con la ayuda del telescopio no es sencillo y hay que estar muy acostumbrado a mirar el cielo para distinguirla. Esta galaxia presenta ciertos rasgos de bastante interés, por ejemplo se ve que es un núcleo brillante y globular, y está rodeado de una neblina desigual que disminuye suavemente a medida que aumenta la distancia del centro del núcleo. En los bordes septentrional y oriental se detecta una estructura espiral.

Lo más vistoso de la galaxia del Triángulo, además de su núcleo blanco, es un punto de leve color rosa, en uno de los bordes.

En la galaxia del Triángulo están naciendo estrellas a un ritmo muy elevado, mucho mayor que el que de nuestra Vía Láctea o que la galaxia de Andrómeda. Es una galaxia muy activa, además del nacimiento veloz de nuevas estrellas, se detecta alguna explosión supernova, y polvo de gas, viento de estrellas y otros fenómenos igualmente interesantes.

El final de esta galaxia puede ser una colisión con la de Andrómeda, o con la nuestra, o tal vez colisionen las tres o una pase a gravitar otra, el caso es que con los conocimientos actualmente a nuestra disposición lo que parece es que estas tres galaxias parece que están obligadas a compartir un desenlace algo violento.

Si con un gran ojo situado en la galaxia del Triángulo pudiéramos detectar nuestra propia galaxia, la Vía Láctea, posiblemente presentaría un aspecto parecido al que ofrecería desde la galaxia de Andrómeda que a su vez es más o menos como nosotros la vemos desde aquí.

Estas dos galaxias se visualizaron en otros siglos y algunos de los más ilustres astrónomos, ya nos hablaron de ellas e hicieron con los escasos medios técnicos de que disponían algunas de las observaciones que aún nos resultan útiles y nos sorprenden por su riqueza de contenido.

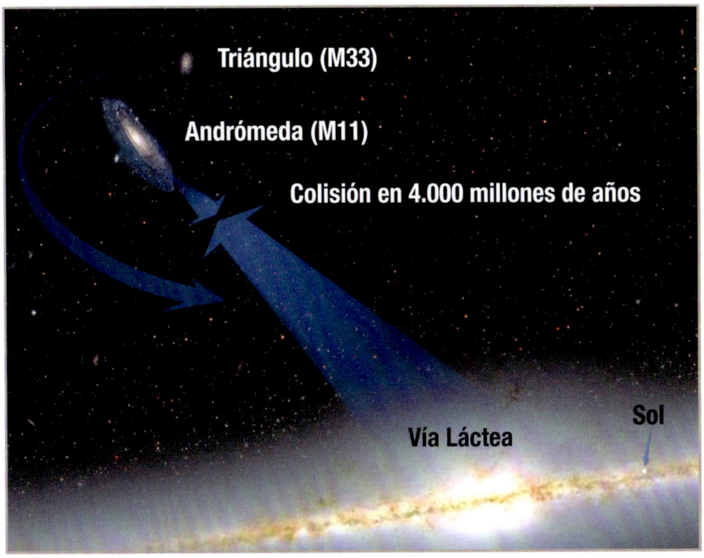

Esta ilustración muestra la colisión inevitable entre la Vía Láctea y la galaxia de Andrómeda dentro de aproximadamente 4.000 millones de años.

Galaxias M64, M81, M82, M100 y M87

Messier 81 (M81): Galaxia espiral en la constelación de la Osa Mayor.

Estas cinco galaxias aparentemente tan lejanas, las podemos observar con telescopio para hacernos una idea de lo grandioso que es el Universo.

OJO MORADO (M64)

A 12 millones de años luz, en la zona de la constelación Cabellera de Berenice, el observador se encuentra con la galaxia espiral Ojo Morado. La banda ancha de polvo oscuro que atraviesa la sección central de la galaxia le da un aspecto muy peculiar que inspira su nombre, de hecho le hace parecer un ojo medio cerrado con un moratón; pero en cualquier caso y aunque careciese de esta peculiaridad, tendría un aspecto un poco diferente de las otras galaxias espirales.

Esta galaxia, la M64, efectúa una combinación de movimientos de rotación bastante infrecuentes. El centro gira en sentido contrario al sentido de giro del disco exterior porque sufrió en su viaje sideral un choque de «proporciones galácticas» con otro par de galaxias cercanas y esta convulsión originó los movimientos en su interior. En cielos límpidos y muy oscuros los brazos de la galaxia apenas se distinguen, dado que aparecen muy pegados al cuerpo central de la misma, y además su consistencia es muy tenue. Solo algunas personas muy acostumbradas a la observación espacial pueden verla con telescopios no demasiado potentes o de mucha abertura.

Galaxia Espiral Ojo Morado (M64).

M81

La M81 es otra galaxia visible en el hemisferio septentrional y se halla a la distancia de 11 millones de años luz. Para poder observarla hay que dirigir la mirada a la gran constelación de la Osa Mayor, ya que es visible mirando hacia el norte del carro.

Se trata de una galaxia espiral muy simétrica que está formada por un núcleo muy brillante y grande que contiene la mayor parte de los millones de estrellas que forman la galaxia. La galaxia M81 está inclinada unos 45º con respecto a nuestra mirada frontal, y aparece como un disco de forma ovalada muy nítida, con un núcleo muy denso y de gran brillo.

En los cielos alejados de la zonas urbanas, muy oscuros y sobre todo en días nítidos y con la ayuda de un telescopio, se distinguen los brazos espirales que emergen con bastante claridad, pero la parte final en que se diluyen ambas extremidades espirales es más difícil de detectar.

M82

En el mismo campo de visión un poco hacia el norte de la galaxia anterior, la M81, se sitúa la galaxia M82. Los expertos dicen que se trata de una formación estelar que por el movimiento de aproximación con la M81 en algún momento se acercaron bastante la una a la otra y la

Galaxia Messier 82 (M82) vista en luz visible a la izquierda, y una vista de rayos X, a la derecha.

interacción gravitacional entre las dos vecinas afectó a ambas estructuras, dando origen a nuevas estrellas. Ambas galaxias están en el núcleo de un grupo no muy grande de galaxias que se halla relativamente cerca del Grupo Local de galaxias, que es el que nos alberga.

M100

En el hemisferio boreal, en la posición de la constelación de la Cabellera de Berenice y situada a 56 millones de años luz de nuestra galaxia, se halla esta galaxia espiral grande formada por un núcleo brillante de aspecto estelar que se distingue de manera relativamente fácil. A veces, si el cielo no está demasiado limpio ni en buenas condiciones de oscuridad, parece un cúmulo globular. Por otra parte, si se tiene la suerte, la tenacidad y el telescopio adecuado, se puede comprobar que se trata de una estructura de gran belleza, y sus brazos están dotados de regiones brillantes en los que se han producido explosiones supernovas.

M87

A 70 millones de años luz, localizada en la constelación de Virgo, se encuentra la M87, una galaxia bastante cercana al centro del cúmulo globular de las galaxias de Virgo; es una de las galaxias de mayor tamaño de lo que

Sabías que... La galaxia M38 ofrece una variedad de movimientos de rotación muy infrecuentes.
El chorro energético cósmico que emite la M87 se debe a que se ha tragado varias galaxias.
La M87 es una de las galaxias más grandes descubiertas hasta ahora. Los astrónomos la clasifican como «Universo próximo».

Messier 100 es un ejemplo perfecto de una galaxia espiral de gran diseño, un tipo de galaxia con brazos espirales prominentes y muy bien definidos.

los astrónomos denominan el Universo próximo. Asimismo, es una fuente de ondas de radio y también de rayos X; como nuestros ojos no son sensibles a estas longitudes de onda, nos es imposible detectar su fantástico brillo.
Normalmente los brazos de las galaxias espirales son difíciles de visualizar, pero se suele conseguir con mayor o menor nitidez y con bastante persistencia; sin embargo, en el caso de esta galaxia se ve muy bien el gran núcleo central, pero no es posible detectar los brazos.
En el interior de esta galaxia se encuentra un gran agujero que no es mayor que el Sistema Solar, pero la energía que acumula puede ser de 5.000 millones de veces la del Sol.

Esta imagen es una composición de filtros visibles, infrarrojos y rayos X.

Nebulosas

Las masas de gas y polvo localizadas en todo el medio interestelar reciben el nombre de nebulosas. Cuando se observan las galaxias, siempre se detecta en su entorno la presencia de materia distribuida con apariencia de nubes, de ahí el nombre que le dieron sus primeros estudiosos para bautizarlas.

La nebulosa Saco de Carbón, situada en la constelación Crux, es un ejemplo de una nebulosa oscura que es fácilmente visible.

Un observador atento de la Vía Láctea puede contabilizar muchas formaciones de este tipo. En una primera aproximación, se puede hablar de dos grandes grupos de nebulosas, si se clasifican según su luminosidad: las oscuras y las brillantes.

NEBULOSAS OSCURAS

Las nebulosas oscuras, o de absorción (porque absorben toda la luz), carecen de luminosidad, por ello se detectan en el espacio como una mancha oscura. Están formadas por gran cantidad de polvo, y no se localizan estrellas en sus proximidades. Un ejemplo de nebulosas oscuras típicas es la nebulosa de la Cabeza del Caballo, en Orión.

NEBULOSAS BRILLANTES

Las nebulosas que aparecen con gran luminosidad se llaman brillantes, y esta luminosidad se puede producir por diferentes procesos. Según el origen del brillo o, expresado de otro modo, que depende de las características de los procesos que dan lugar a la luminosidad, las nebulosas brillantes a su vez se clasifican en cuatro clases distintas: nebulosas de emisión, nebulosas de reflexión, nebulosas planetarias y remanentes de supernova.

NEBULOSAS DE EMISIÓN

Este tipo de nebulosas brilla por emisión de luz. El proceso tiene lugar cuando los electrones se recombinan con los protones para formar átomos de hidrógeno y se emite luz (ondas electromagnéticas). De los diversos caminos que pueden seguir estos procesos de recombinación, uno de los más comunes consiste en que

Nebulosa Cabeza de Caballo o Barnard 33 en la constelación de Orión.

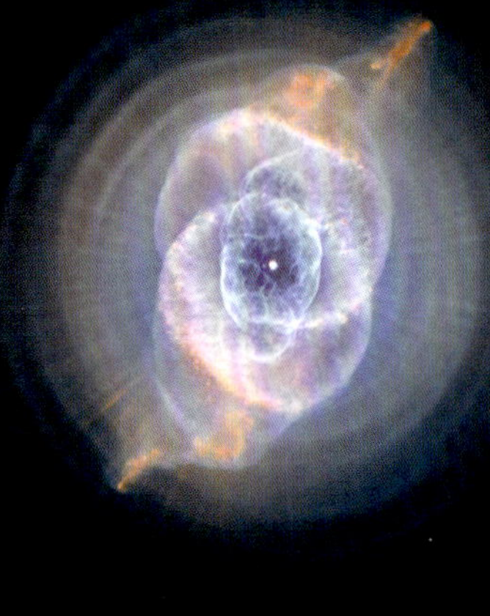

Nebulosa del Ojo de Gato. Fue una de las primeras nebulosas planetarias en ser descubierta y una de las más complejas.

un electrón recombinante emita un fotón de luz roja, por eso la nebulosa aparece de color rojo. Como ejemplo, se recomienda mirar la Nebulosa Trífida en Sagitario.

NEBULOSAS DE REFLEXIÓN

Las nebulosas de reflexión brillan debido a la luz que reflejan. Este fenómeno se produce porque estas nebulosas se hallan en regiones donde hay estrellas muy brillantes y grandes cantidades de polvo. El tamaño de los granos de polvo hace que la luz azul sea reflejada con más eficacia que la roja; por eso, las nebulosas de reflexión se presentan frecuentemente de color azul.

NEBULOSAS PLANETARIAS

Las nebulosas planetarias se forman cuando una estrella gigante roja pierde masa en el proceso que finalmente concluye con la formación de una enana blanca a partir del núcleo de dicha estrella. Estas nebulosas pueden presentar la forma de un disco o de un reloj de arena. Se conocen aproximadamente 1.500 nebulosas planetarias en la galaxia. Una nebulosa planetaria muy bonita es la del Ojo de Gato.

REMANENTES DE SUPERNOVA

En los restos de las supernovas se aceleran los electrones hasta emitir rayos X. Un ejemplo es lo que ocurre en la Nebulosa del Cangrejo, que corresponde a una explosión de una supernova en la Vía Láctea y que fue detectada por astrónomos chinos en el año 1054; esta se localiza en la constelación de Tauro. Las sucesivas fotografías que se la van tomando muestran que esta estructura nebulosa se está expandiendo en todas las direcciones.

NOTA PARA LOS AMANTES DE LA BELLEZA ASTRONÓMICA

No son pocos los astrónomos aficionados o profesionales que afirman que, entre las nebulosas, se encuentran algunos de los objetos más bellos del Universo. Y lo cierto es que las formas, el colorido y el brillo de algunas de estas formaciones les dan la razón. Por ejemplo, entre las nebulosas planetarias siempre es recomendable ver alguna imagen de la nebulosa del Ojo de Gato, que es una estructura muy complicada, con al menos 11 capas distintas de material expulsado, procedente de dos estrellas diferentes, pero que resulta preciosa. Otra nebulosa planetaria de gran belleza es la del Anillo, que se originó a partir del gas y el polvo de una estrella muy tenue que está en su centro.

Entre las nebulosas de reflexión más conocidas están la nebulosa de Orión, en la que se forman miles de estrellas; esta región es una de las más cercanas a la Tierra, y la luz ultravioleta de la estrellas es la causante del brillo de la nube de gas y polvo. Otra nebulosa de reflexión simpática es la del Pequeño Fantasma, que nos muestra una silueta con los brazos abiertos, se inclina sobre la parte superior de la nebulosa de Orión, y las nubes reflejan luz azul y perfilan la silueta del hombre corriendo (con un poco de imaginación…).

Una nebulosa que además es una fábrica de estrellas es la Nebulosa del Águila. En esta región coexisten estrellas jóvenes, estrellas formadas y regiones donde nace la siguiente generación de estrellas…

Un último ejemplo, la nebulosa del Cangrejo, que se compone de restos en expansión de una estrella que estalló en la Vía Láctea en 1504, en la fecha de la explosión brillaba tanto que se podía ver a la luz del día.

La estrella espectacular que forma la nebulosa de Carina (Gran Nebulosa). Está situada en el Brazo de Sagitario.

NEBULOSAS EN EL HEMISFERIO NORTE

Las nebulosas que se describen en esta sección son algunas de las más vistosas que se pueden detectar en el cielo en las condiciones adecuadas y con cierta pericia. Para localizarlas, lo más sencillo es tomar como referencia algunas de las constelaciones más famosas. Las seleccionadas aquí son visibles en el hemisferio norte a distintas latitudes, excepto la de Orión, que también se puede discernir en latitudes del hemisferio sur.

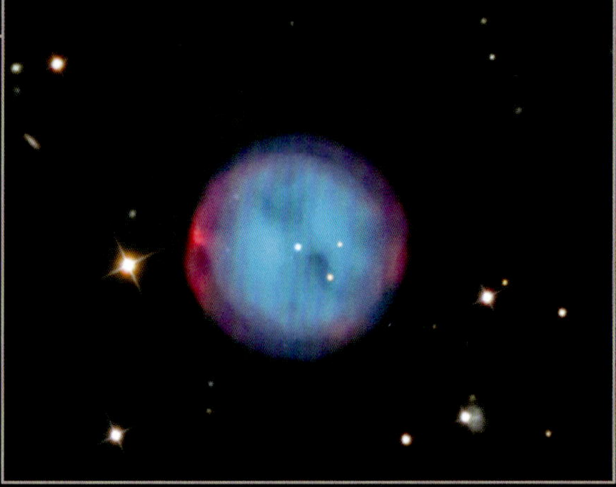

Nebulosa de la Lechuza.

NEBULOSA DE ORIÓN

Mirando hacia la constelación de Orión se puede observar esta nebulosa del mismo nombre que se halla situada a 1.500 años luz de la Tierra. Por su magnificencia a veces se la denomina también la Gran Nebulosa. Se puede vislumbrar levemente a simple vista como una mancha de neblina en el centro de la espada del Cazador (Orión). Para contemplarla en toda su belleza es recomendable servirse de un telescopio, pues la riqueza de matices y de aspectos que tiene esta formación se aprecia muy bien. La estructura es muy compleja porque contiene gas y polvo brillante, remolinos de viento solar y alberga en su interior algunas estrellas.
La enorme constelación de Orión visible en ambos hemisferios contiene también una extraña nebulosa llamada Cabeza del Caballo, cuyo aspecto la hace muy fácilmente identificable.

Nebulosa de Orión.

NEBULOSA DE LA LECHUZA

La nebulosa de la Lechuza, con nombre del animal a cuyo rostro se asemeja según la creativa imaginación de los observadores que la bautizaron, está situada en las proximidades de la constelación de la Osa Mayor (hay que buscarla más o menos debajo de la parte posterior del carro). Su distancia aproximada con respecto a nuestra posición en la Tierra es de unos 2.300 años luz, pero es un objeto difícil de observar con pequeños telescopios, ya que resulta muy tenue y con poco brillo. Sin embargo, con instrumentos de tipo medio es algo más fácil de detectar, siempre en cielos oscuros y limpios. Se aprecia como un óvalo grande, pero no muy luminoso. Y por eso resulta difícil de discernir la cara de la lechuza.
Es una de las nebulosas planetarias de mayor tamaño. En cuanto a su estructura, como todos los objetos de este tipo, es la parte gaseosa externa que una estrella, cuando se estaba extinguiendo, lanzó al exterior.

NEBULOSA ANULAR

Para localizar esta nebulosa planetaria hay que dirigir la búsqueda hacia la constelación de Lira. Se halla ubicada a unos 5.000 años luz de nuestra posición en el Sistema Solar. En cielos oscuros y limpios es bastante asequible captarla simplemente con la ayuda de un telescopio de aficionado.
En las fotografías astronómicas la Anular se identifica como un anillo en cuyo centro hay una enana blanca que emite

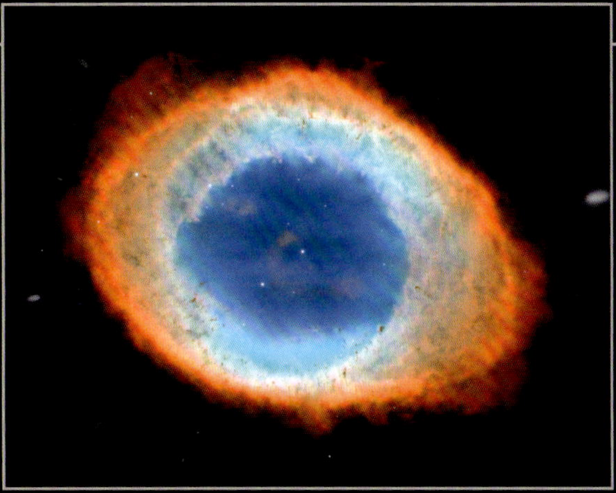

Nebulosa Anular.

gran cantidad de radiación. En cuanto a su estructura, se trata de la parte gaseosa expelida por una estrella moribunda que, seguramente, fue mayor que el Sol cuando estaba en su plenitud, pero que fue expulsada al haber colapsado el núcleo la parte exterior.
También hay que señalar que pese a mantener su nombre tradicional, el telescopio espacial Hubble nos ha desvelado que tiene más bien forma de una especie de cilindro o cubilete de jugar a los dados gigantesco.

NEBULOSA DEL CANGREJO

En la constelación de Tauro, a una distancia aproximada de 4.000 años luz, se halla la nebulosa del Cangrejo. Esta nebulosa se ha formado con los restos gaseosos de una explosión supernova que registraron los astrónomos orientales procedentes de la China y de Japón que

Nebulosa del Cangrejo.

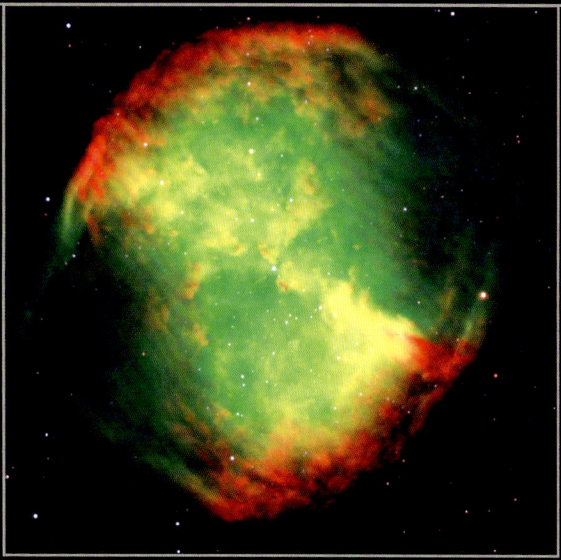

Nebulosa Haltera.

siempre han tenido una tradición de buenos observadores del cielo, en el año 1054.
Se puede vislumbrar con unos prismáticos o un telescopio de baja potencia en cielos oscuros y límpidos. Con instrumentos de mayor precisión se detecta la complicada estructura que contiene en su interior, la cual alberga el núcleo de la estrella. Finalizó su existencia con una explosión de tipo supernova, que es bien sabido que se trata de un objeto que gira velozmente, este cuerpo rotante que emite destellos de ondas de radio, iluminando el espacio, constituye un púlsar típico.

NEBULOSA HALTERA

En la constelación de la Vulpecula, a unos 1.000 años luz de nuestro planeta, se encuentra situada esta nebulosa planetaria grande, brillante y fácilmente localizable con un pequeño telescopio o incluso con unos prismáticos. Los restos gaseosos expulsados en su última fase por la estrella de la que procede que formaron esta nebulosa ocuparán el cielo unos 50.000 años y después se irán disipando, como ocurre con las demás nebulosas.

Sabías que… La forma de Haltera deja bastante libertad a la imaginación, pues hay quien vislumbra mejor un reloj de arena que cualquier otra configuración, como las pesas de los gimnastas a los que debe su nombre. Es una nebulosa posiblemente de gran tamaño.

NEBULOSAS EN EL HEMISFERIO SUR

Aquí se incluye un breve descripción de algunas de las nebulosas más vistosas y asequibles que podemos hallar en el hemisferio sur.

NEBULOSA OMEGA

Mirando hacia la constelación de Sagitario se encuentra la nebulosa Omega, cuya distancia hasta la Tierra es de unos 3.000 años luz. Se puede detectar con telescopios pequeños en las noches oscuras y límpidas. Su parte más visible se capta sin dificultad mediante prismáticos.
En esta nebulosa, ocultas tras gas y polvo, se encuentran estrellas jóvenes y calientes que le proporcionan su magnífico resplandor. Seguramente en esta nebulosa se siguen formando estrellas. Esta formación fue bautizada con el nombre de la letra omega mayúscula porque la imaginación de los primeros observadores «leían griego en el cielo». Aunque esta nebulosa contenga algún cúmulo estelar, aparenta estar rodeada de pequeñas estrellas. Los astrónomos calculan que al menos hay 35 estrellas que tienen una masa total de unas 800 veces la masa del Sol.

NEBULOSA LAGUNA

La nebulosa Laguna también se puede detectar en el hemisferio sur como la anterior, observando hacia Sagitario en el cinturón zodiacal. En general, explorar la zona de Sagitario es muy interesante porque está llena de objetos luminosos, como cúmulos estelares, nebulosas y otras estructuras igualmente llamativas. De entre todas ellas, es muy recomendable observar esta nebulosa que se encuentra aproximadamente a 4.500 años luz de la Tierra. Para distinguirla, va bien contar con unos prismáticos, y a través de ellos aparece como una mancha de luz con estrellas situadas en la parte interior. Quien disponga de telescopio puede detectar la estructura nebulosa que resulta bastante complicada, dado que tiene texturas bastante complejas y numerosas estrellitas. Una especie de canal de polvo oscuro que constituye la «laguna» propiamente dicha divide la nebulosa en dos partes iguales. En esta zona nebulosa se están formando estrellas, como ocurre en la nebulosa de Orión y en la Trífida.
La parte más oriental de la nebulosa contiene un cúmulo estelar disperso que se configura a partir de material de la propia nebulosa.

Nebulosa Omega.

Nebulosa Laguna.

NEBULOSA TRÍFIDA

De nuevo sin alejarnos de la rica zona de la constelación de Sagitario, encontramos una magnífica nebulosa para deleitar nuestra vista y nuestra imaginación. Los aficionados a mirar el cielo que se halla visible ubicándose en el hemisferio sur están de enhorabuena. La distancia a la que se halla esta nebulosa no está muy bien determinada, oscila entre 2.000 y 6.000 años luz, un margen demasiado elevado como para considerarlo un dato muy preciso.
Al fotografiar la Trífida se observan zonas de emisión y de reflexión de tonos azulados y rojos. Sin embargo, la mirada a través de un telescopio no capta esta luminosidad y solo permite detectar cierta gama de tonos grises o grises verdosos. Esta es una nebulosa muy grande cuya estructura es la de una gran zona nublada con una

Nebulosa Trífida.

estrella en el centro. Tras haber visualizado la nebulosa Laguna mirando hacia el norte, se puede detectar perfectamente esta formación.

Estudiando de «cerca» la estrella central, se observa que en realidad se trata de una estrella séxtuple, que solo es discernible con telescopios muy potentes. La estrella primaria es una supergigante joven muy brillante y muy caliente. El tono rosa con que se ve en las fotografías de larga exposición se sabe que es debido al hidrógeno.

NEBULOSA ÁGUILA

La cuarta nebulosa austral que vamos a tratar en esta sección es la del Águila. Para detectarla hay que observar el cielo en la constelación de la Serpiente, en una zona alejada de las regiones urbanas iluminadas y con el cielo limpio, como en la mayor parte de las observaciones astronómicas.

La nebulosa del Águila se halla a unos 7.000 años luz. Esta estructura consiste en realidad en la combinación de una nebulosa y un cúmulo abierto. De manera análoga a lo que encontramos en la nebulosa Laguna, esta

Sabías que… La nebulosa del Águila es una de las formaciones a las que el telescopio espacial Hubble fotografió y mediante ellas pudimos distinguir la radiación emitida por las estrellas más próximas a esta nebulosa y otros cuerpos luminosos más jóvenes.

Nebulosa Águila.

formación es un verdadero vivero de estrellas. Al analizar esta nebulosa con más aumentos en el telescopio se puede observar una zona oscura, levemente velada, como si la tapara un visillo.

El cúmulo estelar está constituido por unas 50 estrellas, y ocupa una protuberancia que se extiende hacia el noroeste. La mayor parte de estas estrellas son supergigantes que se han formado recientemente en el seno de las regiones más densas de la nebulosa. Es el mismo tipo de fenómeno que se produce en las nebulosas Trífida y de la Laguna con sus estrellas calientes. Gracias a estas formaciones estelares, observamos las nebulosas en las que el brillo y la luminosidad nos permiten distinguirlas mucho mejor que otras formaciones del mismo tipo pero mucho más grises.

Los Pilares de la Creación, se encuentran en una parte de la Nebulosa Águila.

Las Nubes de Magallanes

Gran Nube de Magallanes.

Este par de galaxias australes se hallan situadas cerca del polo sur celeste. La Gran Nube se encuentra a 15 grados y la pequeña a 36 grados al sudoeste de Canopo; a la vista se trata de dos manchas alargadas de luz que se asemejan a deshilachados de la Vía Láctea.

En realidad se trata de un par de galaxias próximas, a la Vía Láctea: la Gran Nube Mayor y la Pequeña Nube de Magallanes. Son visibles en el hemisferio sur, aunque en los comienzos del invierno pueden verse desde un poco más arriba. Se denominan también galaxias irregulares porque no tienen ninguna forma definida.

Las Nubes de Magallanes, galaxias pintorescas, aparentemente dan la impresión de que orbitan alrededor de nuestra propia galaxia. Sin embargo, lo más probable es que no exista unión gravitatoria a nuestra Vía Láctea. Se cree que seguramente los pobladores del hemisferio austral podían observarla desde tiempos remotos.

Sin embargo, hoy en día, con los estudios más avanzados, mediante el auxilio del telescopio espacial Hubble, muchos astrónomos están realizando mediciones que señalan que esta pareja acabará deshaciéndose, ya que se trata de compañeros pasajeros. Claro que a escala humana parece muy poco probable que se llegue a detectar en alguna generación; pero realmente es muy interesante saberlo porque contribuye a comprender mejor poco a poco nuestro Universo.

Reciben su nombre en honor del marino y explorador Fernando de Magallanes (1480-1521). Este almirante y toda su tripulación tuvieron la oportunidad de estudiar el cielo del hemisferio sur durante su histórico viaje de circunnavegación alrededor del planeta en los primeros años del siglo XVI, una gran aventura que hizo sus aportaciones a la astronomía.

Brillando en el cielo, la Gran y Pequeña Nube de Magallanes destacan por encima de las antenas

Pequeña Nube de Magallanes.

LA GRAN NUBE DE MAGALLANES

Tiene aproximadamente 33.000 años luz de diámetro y se halla a una distancia de unos 163.000 años luz. Se trata de una galaxia llena de estrellas jóvenes y calientes, cúmulos estelares y nebulosas brillantes.

Para poder verlas solo hace falta estar en el lugar adecuado y tener a mano unos buenos prismáticos o un pequeño telescopio.

LA PEQUEÑA NUBE DE MAGALLANES

La otra galaxia irregular de esta agrupación sureña es la Pequeña Nube de Magallanes. En su parte mayor abarca alrededor de 15.000 años de luz. En su interior habitan varias centenas de millones de estrellas. La Pequeña Nube de Magallanes se halla situada aproximadamente a unos 210.000 años de luz de nuestra posición y se localiza en la constelación del Tucán.

Como forma parte de una agrupación de galaxias relativamente cercanas a nuestra propia galaxia, la Vía Láctea, concretamente forma pareja con la Gran Nube de Magallanes. Pero también de otras galaxias de menor tamaño, las denominadas galaxias enanas del Gran Perro, que se halla situada aproximadamente a 25.000 años de luz, como la galaxia del Sagitario, que aproximadamente está a 3,5 millones de años de luz. Estas galaxias también contienen uno de los objetos más lejanos, y pueden también verse a simple vista. Es visible fácilmente, pero únicamente desde el hemisferio meridional.

De la misma manera que la Gran Nube de Magallanes, parece que esta formación aparentemente es una antigua galaxia espiral bloqueada que ha sido deformada por las fuerzas de marea de la Vía Láctea.

La Pequeña Nube de Magallanes y su compañera la Gran Nube de Magallanes forman parte del Grupo Local de Galaxias, que es la agrupación a la cual también pertenece nuestra galaxia.

La Pequeña Nube de Magallanes se une a la Gran Nube por un puente de gas y de estrellas. Estas dos nubes sufren las fuerzas mareales de la Vía Láctea.

LA NEBULOSA DE LA TARÁNTULA

La característica más sobresaliente de esta constelación es la nebulosa de la Tarántula, que tantas fotografías vistosas nos ofrece. Más o menos se sitúa en el extremo oriental al sur de la galaxia. La nebulosa de la Tarántula contiene un grupo de unas 12 o 14 estrellas muy calientes y muy masivas, todas juntas en una región con menos de un año luz de anchura.

Esta formación estelar concentrada se encuentra en el centro de los bucles de gas caliente que parecen a nuestra vista como una araña gigantesca. Se han detectado explosiones estelares en un extremo de esta nebulosa. La primera supernova que se vio a simple vista fue detectada por primera vez el 23 de febrero de 1987, en un mes aumentó su tamaño y después se debilitó fácilmente.

Sabías que… Las Nubes de Magallanes han tenido otros nombres a lo largo de la historia. El astrónomo persa Abd Al-Rahmam Al Sufi las llamó «Buey Blanco». En 1603 Johann Bayer las nombró Nubecula Maior y Nubecula Minor; y John Flamsteed más tarde las llamó Gran Nebulosa y Pequeña Nebulosa.

Nebulosa de la Tarántula.

Cosmología antigua

En todas las civilizaciones antiguas se intentaban dar explicaciones sobre el Universo, y muchas de ellas tienen bastantes elementos en común, aun estando muy alejadas entre sí.

LAS CREENCIAS DE LOS PUEBLOS ORIENTALES ANTIGUOS

En la enorme península de la India se pensaba que una tortuga gigantesca avanzaba lentamente sobre una enorme serpiente. Sobre la tortuga había un grupo de elefantes que a su vez soportaban otra tortuga y así en una sucesión de estas especies animales que, situadas unas sobre otras, se soportaban de forma sucesiva y en la cima se hallaba el Sol, que aparece y desaparece sobre la montaña que está en lo alto, que sería nuestra Tierra. La Luna ocupaba el lugar de una especie de linterna de la noche cuando el Sol desaparecía.

Algunas leyendas japonesas cuentan que había una ciudad en la Luna habitada. También sostenían que el Universo resultaba ser solo un pequeño trozo de espacio que rodeaba al mundo. Por otra parte, en algunos mapas antiguos japoneses se representa el Sol, la Luna y las estrellas como pequeños cuerpos titilantes situados en la superficie de una especie de gran concha externa que rodeaba a la Tierra. Estas dos visiones diferentes y quizá con elementos contradictorios, convivieron entre los japoneses. Las controversias dentro de la misma cultura existen en todos los tiempos.

Los antiguos babilonios aseguraban que la Luna y las estrellas estaban fijas en una enorme bóveda, que llamaban la esfera celeste. Los montes Ararat sujetaban la esfera y el Sol se movía de este a oeste por la bóveda.

Los egipcios tenían un sistema de deidades presididas por Ra, el dios Sol. La diosa de los cielos era Nut, que estaba sostenida por Set, el dios del aire. En realidad Nut era el símbolo del río Nilo y Ra atravesaba el Nilo en su barca diariamente. La Luna y las estrellas estaban en el cuerpo de Nut.

Sin embargo, en China (al igual que en Grecia) se intentaron desarrollar «modelos científicos» del Universo; es decir, crearon una Astronomía.

Los chinos desarrollaron varías teorías cosmológicas basadas en la observación del cielo. Estas visiones del

Imagen de símbolos astrológicos sobre el techo del templo de Dendera cerca de Qena, en Egipto. Nos muestra a la diosa de la noche, Nut, que encierra los símbolos con su cuerpo y sus brazos.

Universo se desarrollaron hace más de 2.000 años. La teoría que llamaron el Gai Tian describía un cielo en forma de cúpula que parecía un capuchón sobre cada hemisferio terrestre. La parte sólida (la Tierra propiamente dicha) estaba rodeada de agua, los océanos, y giraba de este a oeste entorno al polo norte una vez al día. El Sol dibujaba un círculo en el cielo; el tamaño de dicho círculo variaba según las estaciones.

Otra teoría, en cierto sentido complementaria con la anterior, la Hu Tian, intentaba presentar una visión más completa del cielo para explicar con mucha mayor precisión los movimientos de los cuerpos celestes. La esfera celeste era como una especie de cáscara de huevo que envolvía todo, una esfera completa. Las agrupaciones de estrellas (constelaciones en nuestro lenguaje, aunque no coinciden exactamente con las nuestras) que variaban según las estaciones se explicaban afirmando que el polo norte iba variando su posición a pesar de que siempre permanecía sobre nuestras cabezas.

Ilustración incluida en el libro «Cellarius», que representa el Universo centrado en la Tierra teorizado por Claudio Ptolomeo, geógrafo del siglo II, que vivió en Alejandría, Egipto.

COSMOLOGÍA GRIEGA. NUESTROS ANTEPASADOS

En cuanto a los griegos antiguos, que están en el origen de nuestra cultura occidental, la figura clave es Aristóteles (siglo IV a. C.) quien, basándose en la concepción de Platón, afirmaba que el mundo tenía forma esférica y el movimiento de todos los cuerpos celestes debía ser circular y uniforme; es decir, a velocidad constante; en fin, una teoría científica en toda regla. En el sistema aristotélico, como en el pitagórico, la Tierra debería permanecer inmóvil en el centro del mundo y estaría rodeada de una serie concéntrica de esferas transparentes. Cada planeta estaba ligado a una única esfera, pero este engranaje tenía el inconveniente de que no servía para explicar las irregularidades de los movimientos aparentes. Aristóteles intentó resolver el problema creando un sistema más complejo de 55 esferas, embebidas unas en otras de tal manera que cada planeta estaba asociado a un grupo de esferas, cuyo movimiento se superponía. El hecho de combinar diferentes rotaciones permitía dotar a cada planeta de un movimiento complejo que podía ajustarse para corresponder al que realmente se observa en el cielo. Con esta combinación de 55 esferas Aristóteles reproducía bastante bien los movimientos aparentes de los planetas; sin embargo, este sistema no resolvía otros problemas, por ejemplo no explicaba las variaciones de luminosidad aparente de los planetas.

Otras correcciones posteriores fueron las que introdujo Ptolomeo, quien mejoró notablemente el modelo anterior, pero que no llegó a modificar la concepción cosmológica fundamental.

Heráclito (544 a. C.-484 a. C. aproximadamente) y Aristarco de Samos (310 a. C.-210 a. C.) hicieron aportaciones interesantes. Por ejemplo, Aristarco usó razonamientos geométricos a los cuerpos celestes, concretamente a los eclipses de Luna; este filósofo intentó medir las distancias relativas de la Luna y el Sol. Y puso en evidencia que nuestra estrella era mucho más grande que la Tierra, rechazando que el cuerpo mayor (el Sol) girase alrededor del menor (la Tierra), una avanzadilla de Heliocentrismo que no se tuvo en cuenta; seguramente la mentalidad general no estaba preparada para ello.

Geocentrismo vs Heliocentrismo

Sabemos que todo lo que observamos con nuestros propios ojos no siempre es verdad. Todos hemos escuchado a algún profesor explicar el ejemplo del espejo: en él vemos una imagen de nosotros mismos, pero no somos nosotros mismos. Es quizá una de las primeras experiencias sobre lo virtual.

EL PASO DE LA TEORÍA GEOCÉNTRICA A LA TEORÍA HELIOCÉNTRICA

El Sol principalmente, pero también muchas de las estrellas que vemos, parece que siempre giran alrededor de la Tierra. Así es que resulta bastante natural que en el mundo antiguo se pensara en un Universo geocéntrico. Es casi seguro que salvo algunos estudiosos y agudos observadores de la antigua Grecia nadie en la Antigüedad pensaba en otras posibilidades, como un Universo heliocéntrico, por ejemplo. Pero poco a poco fueron cambiando las sensibilidades y la percepción y de forma clara Copérnico (1473-1543) defendió con fuerza las ideas heliocéntricas.

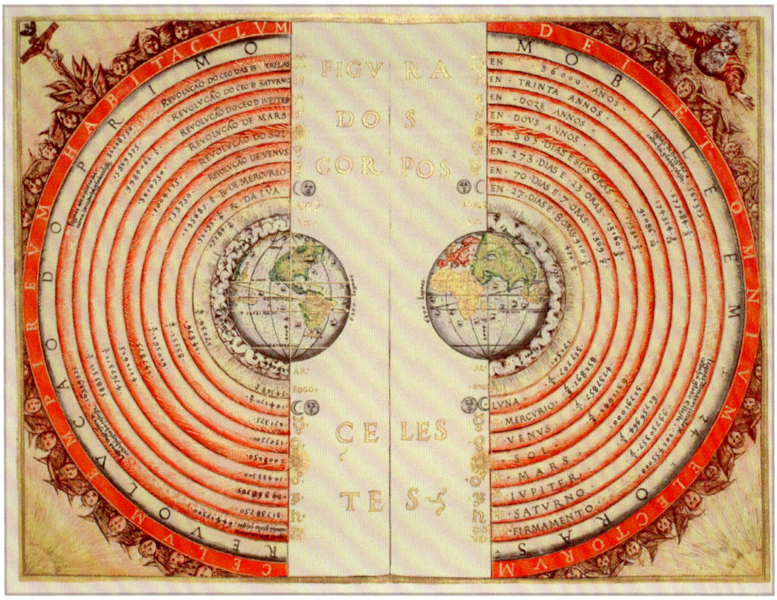

Ilustración de la concepción geocéntrica del Universo de Ptolomeo por el cosmógrafo portugués y el cartógrafo Bartolomeu Velho.

EL GEOCENTRISMO

El sistema geocéntrico se suele presentar como defendido y argumentado por Ptolomeo. Consiste en explicar el movimiento de los cuerpos celestes alrededor de la Tierra por un artificio muy ingenioso de esferas combinadas, la llamada deferente, cuyo centro se halla en la Tierra y la llamada epiciclo, donde se halla el planeta que orbita la Tierra y que forma un engranaje perfecto con el deferente. Pero esto no acababa de encajar bien con el movimiento circular perfecto que buscaban los antiguos y había que seguir añadiendo esferas de efecto corrector.

ETAPA INTERMEDIA

Tycho Brahe (1549-1601) es una figura crucial en la historia de la Astronomía. Este danés propuso un modelo de Universo que a nuestros ojos resulta una especie de compromiso a medio camino entre las teorías geocéntricas y las heliocéntricas (aquellas en que el Sol ocupa el centro). Brahe estaba convencido de que la Tierra está fija en el centro y no se mueve, y propuso un sistema según el cual la frontera exterior del sistema prácticamente coincidía con la predicha por la teoría heliocéntrica, o sea podemos considerar su visión como una teoría de transición.

EL HELIOCENTRISMO

Copérnico publicó su teoría heliocéntrica en el libro «Sobre las revoluciones de las esferas celestes». Para cuando este libro salió a la luz, la comunidad científica europea más avanzada pensaba que es casi imposible que la Tierra esté en el centro del Sistema Solar, pero las creencias oficiales impedían manifestar estas teorías de manera explícita. Y era difícil dar el primer paso, había que tener conocimientos suficientemente detallados y convicciones muy firmes. Copérnico publicó su trabajo el año de su muerte, por tanto no hubo tiempo a que estuviera sometido a un estudio crítico.

Él pensaba que las órbitas alrededor del Sol son circulares, y no conocía el

Ilustración del planisferio de Brahe, o la estructura del Universo siguiendo la hipótesis de Tycho Brahe, de 1661.

movimiento de los cometas. En realidad la teoría de Copérnico supuso un gran avance, a pesar de que no explicaba mayor número de hechos que las teorías geocéntricas, debido a que estaba bastante incompleta desde una mirada actual.

El siguiente paso lo dio Kepler (1571-1630), quien mostró que el movimiento planetario sigue una especie de círculos distorsionados llamados elipses, y estableció las tres leyes del movimiento de los planetas alrededor del Sol. Estas leyes simplificaban mucho los cálculos y describían con mayor sencillez los movimientos observados de los planetas, pero supusieron un gran golpe a la creencia generalizada de que el círculo es el movimiento más común y perfecto.

El caso de Galileo es diferente. Quizá su nombre en el imaginario popular suena más por su enfrentamiento con la Inquisición; sin embargo, a pesar de que las leyes de Kepler ya eran conocidas, él seguía pensando y defendiendo un Heliocentrismo más copernicano con órbitas circulares. El trabajo de Galileo abarca otros campos además de la Astronomía, y es un buen divulgador. Además, con él se suele establecer el nacimiento del método científico.

La teoría heliocéntrica marca el punto de partida de la Astronomía moderna, según la cual el Universo está en perpetuo movimiento y en constante cambio, algo que en realidad es bastante distinto a lo que inicialmente se pensaba con respecto a Copérnico cuando situó el Sol fijo en el centro del movimiento de los planetas.

La Astronomía de Kepler está vigente en numerosos campos de la Física actuales porque sus célebres tres leyes no solo son aplicables al movimiento planetario, sino a todos los astros en general. A veces en la parte más externa de las galaxias da la impresión de que la tercera ley no se cumple bien; sin embargo, somos deudores de nuestras propias carencias de conocimiento y posiblemente la materia oscura explica estas deficiencias.

Kepler tiene además el mérito adicional de que, a pesar de no haber dado ninguna primera teoría de la gravedad (que es enteramente atribuible a Newton), proporcionó suficiente número de reflexiones que constituyen un interesante antecedente.

«Atlas Caelestis Harmonia seu Macrocosmica» (Ámsterdam 1661) por Andreas Cel, grabado que representa el Universo como el modelo de Copérnico.

Big Bang

La mayor parte de los científicos aceptan la teoría del origen del Universo conocida como Big Bang; sus defensores aceptan su existencia apoyándose en distintos hechos empíricos y en algunos experimentos que quedan bastante bien explicados por esta construcción teórico-práctica. Pero además de incondicionales, tiene algunos escépticos y a veces se suscitan algunas controversias.

El origen del Universo como una gran explosión es la teoría mas aceptada.

CÓMO EMPEZÓ TODO O LA HISTORIA DE LAS ONDAS MISTERIOSAS

Comencemos con un poco de historia: en 1964 unos importantes laboratorios de investigación en Estados Unidos hicieron un descubrimiento accidental mientras estaban monitorizando ondas de radio reflejadas procedentes de los globos de radiocomunicaciones. Lo cierto es que se detectaban interferencias llamadas «ruido» en los datos que estaban causadas por señales de microondas de cierta longitud de onda procedentes de todas partes; es decir, de cualquier dirección aleatoria del espacio. Estas señales ahora se conocen como radiación de fondo de microondas. Digamos que son las ondas que vienen del pasado y nos indican lo viejo que es el Universo. Esta hipótesis venía avalada por los estudiosos que conocían bien la teoría del Big Bang, y la causa de esta radiación era la temperatura del espacio (unos 2.780 ºC) en la etapa en que los electrones y los fotones (las partículas con carga eléctrica negativa y positiva, respectivamente, de las que tantas veces se habla en Astronomía) que permanecían flotando libremente por el espacio. Lo que se piensa en la comunidad científica es que estas partículas comenzaron a combinarse para formar átomos unos 380.000 años después del Big Bang. Según esta hipótesis se empezaron a formar átomos en el espacio que era transparente a la radiación (es decir, permitía su paso, no había obstáculos), y las ondas electromagnéticas que normalmente van llegando a distintas posiciones, debido a la expansión del Universo. Este descubrimiento casual sirvió para otorgar el premio Nobel de Física de 1978 a Arno Allan Penzias.

LÍNEA DEL TIEMPO DEL UNIVERSO

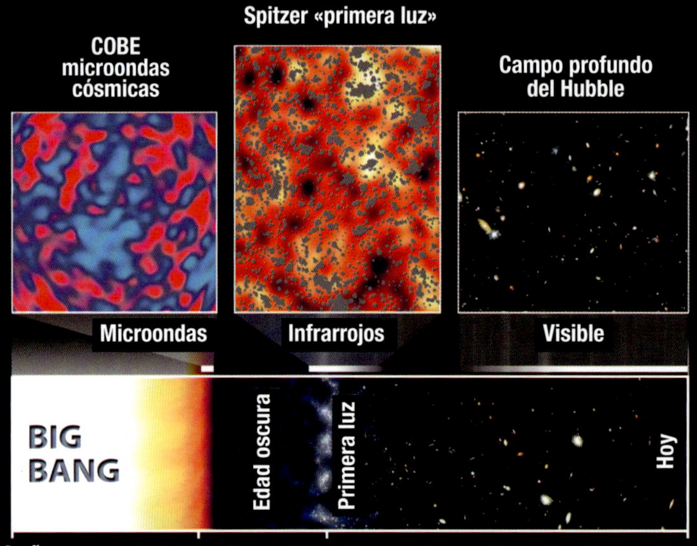

Línea del tiempo del Universo
NASA/JPL-Caltech/A. Kashlinsky
(Centro de vuelo espacial Goddard)

Spitzer telescopio espacial • IRAC
ssc2006-22b

¿EL UNIVERSO SE EXPANDE?

En el año 2001 se lanzó una sonda espacial que permaneció operativa hasta 2010 para medir las temperaturas de la radiación procedente de tiempos remotos por todo el espacio. Cuando se analizaron

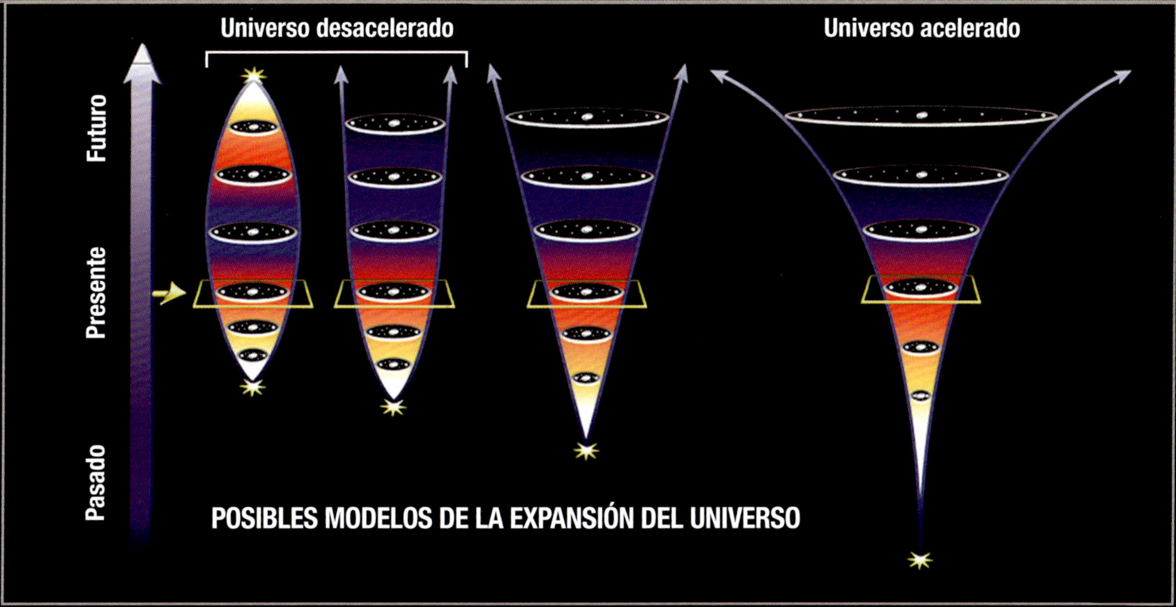

estos datos, se encontró que aparentemente más del 72% de la atracción gravitacional que se detectaba procedía de estructuras en el Universo consistentes en energía oscura, que es como se llama la energía que se encuentra en el vacío entre los cuerpos visibles que pueblan el espacio. El resto de la materia correspondería al 28%, que por cierto en su mayor parte es materia oscura, mientras que la materia que nos es familiar, la normal, la compuesta por electrones, protones y neutrones, solamente constituye el 4,6%. Este resultado es bastante coherente con la teoría de que el Universo después del Big Bang comenzó a expandirse; se llama teoría inflacionaria.

LA COMPOSICIÓN QUÍMICA DE LAS ESTRELLAS

Muchas observaciones nos han demostrado que la composición química de las estrellas es hidrógeno y helio. Esta composición encaja perfectamente con la teoría del Big Bang; estos dos elementos son los más ligeros de todos. La abundancia relativa de estos elementos en las estrellas, seguida por la presencia de los siguientes elementos de la tabla periódica, es consistente con la hipótesis de que el Universo comenzó con una gran explosión. Una explosión a elevadas temperaturas, que permitirían esta organización de la materia.

PEQUEÑO ESQUEMA CRONOLÓGICO

Primero se produjo el Big Bang, y nació el espacio. En la siguiente época llamada de Planck, que ocurrió 10^{-43} segundos después, un periodo en que el tiempo no estaba definido y los estudiosos especialistas sostienen que no había absolutamente nada, ni tiempo ni gravedad.

En el tercer periodo que va de 10^{-33} a 10^{-32} segundos después de la gran explosión, el Universo ya se iba enfriando y simultáneamente expandiéndose dramáticamente y la energía originada en esta expansión proporcionó la creación de partículas de materia y antimateria. La siguiente etapa comprendería desde 10^{-11} a 10^{-6} segundos posteriores. El Universo continuaba expandiéndose y enfriándose y se crearon los quarks (que son las partículas constituyentes de los protones y los neutrones). Así hasta tres minutos después del Big Bang, en el cual las partículas elementales (que forman la materia) comenzaron su existencia y el Universo continuó creciendo hasta formar los protones y los neutrones. Unos 380.000 años después del Big Bang los electrones flotantes junto con los núcleos formaron los primeros átomos. Entonces el espacio se empezó a aclarar y la visibilidad aumentó. Unos 200 millones de años después del Big Bang aparecieran las primeras estrellas y las galaxias, y la luz empezó a iluminar el espacio.

Por último, un millón de millones de años después se formó la Vía Lactea, nuestra galaxia. A partir de este momento se crearon galaxias, cúmulos de galaxias, y esto durante un periodo de tiempo no muy claro. Más recientemente surgió el Sistema Solar, y ahora lo estamos contando.

La materia en el cosmos

Al estudiar el Universo aparecen problemas relacionados con la materia de la que están hechas las «cosas» que lo forman (o dicho de otra manera, la masa y cómo está distribuida).

La velocidad de rotación de las galaxias puede ser una pista para conocer la abundancia de materia.
Por ejemplo, los astrónomos observaron que las galaxias rotan demasiado rápido y que la velocidad de rotación no disminuye con la distancia (como era de esperar, y como de hecho ocurre con los planetas, y con cualquier objeto cotidiano que gira). Esto los desconcertaba bastante.
La primera aproximación para afrontar el problema y resolver el misterio consistió en suponer que la galaxia está envuelta en una especie de halo de materia oscura, materia que no hay manera de ver y que no es en general fácilmente detectable más que por medios indirectos.
Con la información de la que disponemos hoy, la materia oscura debe tener unas diez vez más cantidad de masa y se debe extender unas diez veces más lejos de lo que lo hace la materia visible, y ¡además no se conoce su naturaleza! Suena muy descorazonador porque esto nos indica que no conocemos de qué está hecha la materia que forma una galaxia, ni cuánta hay.

LAS PARTÍCULAS CARGADAS EN EL UNIVERSO Y SUS EFECTOS

Pero eso solo es una parte del problema. Los astrónomos también consideran que las partículas cargadas eléctricamente, los iones, están en movimiento, y en consecuencia, el cosmos contiene campos magnéticos que son variables; esto es debido a que el gas en el interior de las galaxias está muy ionizado y el movimiento del gas modifica el campo magnético y este cambia el movimiento. Estas son las mismas leyes físicas que rigen en la Tierra. Pero ahora demos un paso más, fijándonos en alguna de las estructuras más «brillantes»: las estrellas.

QUÉ SON ESTRELLAS MASIVAS

Las estrellas de gran masa son las que tienen una masa ocho veces superior a la masa del Sol. Este tipo de estrellas especiales son constituyentes clave en las galaxias, determinan su aspecto y su evolución, inyectan energía en el medio interestelar y regulan la tasa de

Ilustración de uno de los cúmulos de estrellas más masivos dentro de nuestra Vía Láctea. El cúmulo tiene el resplandor de 14 estrellas rojas supergigantes, e intercaladas entre ellas hay estrellas jóvenes azules. El cúmulo contiene alrededor de 20.000 estrellas.

Esta impresión artística muestra la Vía Láctea. El halo azul de material que rodea la galaxia indica y recrea la distribución de la misteriosa materia oscura.

formación de las estrellas de todo tipo, que estudiamos. Además, son responsables de la producción de elementos pesados necesarios para la vida: el oxígeno, el carbono, el calcio o el hierro. Se conoce la importancia de estas estrellas en todos estos procesos; sin embargo, sobre su mecanismo de formación sabemos poco.

Hay diversos modelos. Unos piensan que el proceso es similar al que tuvo lugar cuando se formó nuestro Sol (un colapso gravitatorio). Otros creen que se formaron por la fusión de muchas estrellas de menor masa.

¿SE FORMAN IGUAL LAS ESTRELLAS CON GRAN MASA QUE LAS DE POCA MASA?

Para que se formen estrellas de pequeña masa, los procesos cruciales que tienen lugar son movimientos de colapso, expansión y rotación. Sin embargo, durante mucho tiempo no se veían estos procesos simultáneamente en el mismo objeto estelar.

Se realizó un trabajo observacional en el que se buscó un objeto muy joven para estudiarlo. La idea era encontrar evidencias observables alrededor de «este joven» cuya masa era unas 20 veces la masa del Sol. Por vez primera se detectaron los tres procesos básicos en la formación estelar ya citados: rotación, colapso y expansión. Esta es una prueba de que una estrella, como las citadas cuya masa alrededor de 20 veces la masa del Sol, se puede formar por acreción o colapso de material a través de un disco en rotación que circunda a la estrella. Sin embargo, queda todavía por demostrar si las estrellas mucho más masivas se forman también por dicho mecanismo, ya que no se han detectado discos en rotación y colapso.

No disponemos de muchos más ejemplos. Esto es debido a que el número de regiones de formación de estrellas de gran masa es menor que el de regiones donde se forman estrellas de menos masa además de que estas regiones son lejanas y tienen un tiempo de duración menor que el de las estrellas más pequeñas.

Para hacer un estudio más exhaustivo es necesario contar con las grandes antenas del interferómetro ALMA, satélites infrarrojos como el Herschel o algún gran telescopio.

En definitiva, conocer la materia que forma el Universo es imprescindible para entender la Astronomía, por eso los investigadores se afanan por conocer cómo se distribuye la masa no solo en las estrellas, y en sus sistemas planetarios, sino en el espacio interestelar, en las superestructuras como las galaxias y los cúmulos de galaxias.

Para ello deben conocer la cantidad de materia visible, de materia oscura, la energía oscura y su distribución, así como la secuencia temporal de todos sus procesos.

Sabías que... Como ejemplo de estrellas masivas podemos poner las super gigantes Betelgeuse y Rigel, en la constelación de Orión. Betelgeuse, por ejemplo, es 600 veces más grande que el Sol y con una masa 20 veces superior a él. Ocupa el 9.º lugar en cuanto a objeto más brillante del cielo.

Origen del Universo

Según nuestros conocimientos actuales, la luz nació hace 13.800 millones de años con la aparición del Universo en el Big Bang, y luego hizo posiblemente su aparición más ostensible cuando el Universo ya había cumplido 380.000 años de edad. Para entonces el Universo se había convertido en un plasma caliente hecho de protones, electrones y núcleos de helio envuelto en una estructura: el espacio tiempo.

LUZ EN EL ORIGEN DEL UNIVERSO

El espacio tiempo creció, enfriándose, y cuando la temperatura descendió a 3.000 ºC, los electrones empezaron su relación con los protones y comenzaron a formar los primeros átomos. Esta combinación de cargas positivas y negativas dio origen al hidrógeno, que es el átomo más sencillo, que está formado por un protón y un electrón; el hidrógeno es el primer elemento de la tabla periódica. El hidrógeno es un gas muy tenue y transparente por lo que la luz, que antes brillaba en el plasma atrapada en la nube de electrones, se empezó a difundir en el seno del Universo que se iba expandiendo. La luz brillaba en el cielo.

UNA MIRADA ATRÁS

A nuestro alcance se halla una foto antigua, que representa un logro para el afán humano de conocer cada vez más a través del estudio científico. El rastro detectado que nos llega se halló en 1964 y viene a confirmar la teoría de la gran explosión, el Big Bang, la teoría del origen del Universo en una «singularidad», que es la que se suele designar con esta expresión.

El Universo siguió creciendo hasta alcanzar un tamaño de mil veces su tamaño de los primeros momentos en que se hizo transparente hasta el momento presente; al mismo tiempo y también como consecuencia, la temperatura ha descendido mil veces. Los 3.000 grados Kelvin (o los 2.726,85 ºC) que tenía el Universo al

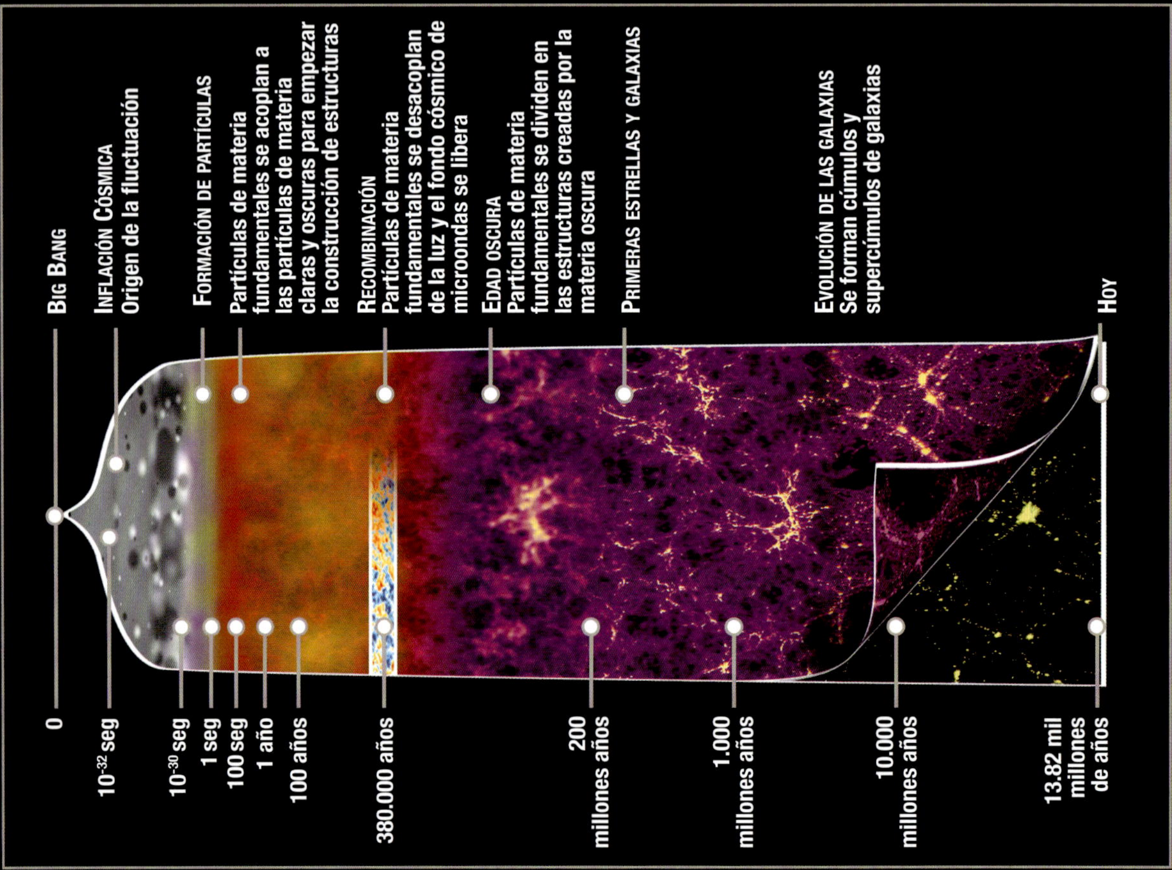

Concepción artística que nos muestra lo que el Universo primitivo podría haber parecido justo después de que las primeras estrellas comenzaron a irrumpir en la escena.

comienzo disminuyeron a 2,7 grados Kelvin, (es decir -270,45 ºC). La escala de temperatura Kelvin es la que se usa en ciencia normalmente, y la centígrada es la que conocemos en nuestros termómetros domésticos.

CARACTERÍSTICAS GENERALES

La imagen del Universo en el momento de su origen revela la existencia de irregularidades muy pequeñas en su temperatura. No son muchas ciertamente porque debía ser bastante uniforme, pero sí suficientes para que se produzcan procesos. Estas variaciones en la temperatura se corresponden con las pequeñas fluctuaciones en el plasma inicial en los procesos de recombinación. Son probablemente una manifestación a nivel «cuántico» (el mundo de las partículas y de las interacciones más pequeñas) que había impulsado la «inflación cósmica»; así se suele designar al crecimiento del Universo. Un importante protagonista en esta situación es muy similar, para que se haga idea el lector, al mundialmente famoso Higgs descubierto recientemente.

Así que la luz surgió con el Universo mismo, pero digamos que permaneció confinada en la nube de electrones durante 380 mil años. De hecho, se suele afirmar que en el inicio el Universo era luz; radiación brillante carente de estructura que adquirió forma cuando se produjo una condensación enorme de materia que le proporcionó masa a una parte de la radiación. La radiación carente de masa la designamos con el nombre general de luz. Para dar algunas cifras, podemos decir que la luz surgió transcurridos 10-35 segundos (0,00000.........1), los puntos son hasta 35 ceros, tras producirse el estallido inicial conocido como Big Bang. En ese estadio, cualquier cosa que decimos que era el Universo tenía un diámetro de un fermi (que es una unidad de medida equivalente a una décima de mil millonésima del tamaño de un protón).

Y DESPUÉS...

No hay certidumbre de los procesos, pero parece que se iba construyendo una especie de magnitud física distribuida (un «campo» en lenguaje técnico) que ocupó esa pequeña región del Universo y que, gracias a sus propiedades, creó una presión negativa que estiró al espacio tiempo de manera súbita.

Casi instantáneamente, en muy pocos segundos, el Universo creció hasta alcanzar el tamaño de una bola tipo pelota. Finalmente parece que dicho campo se condensó y fue perdiendo su energía inicial hasta transformarse en un plasma caliente de partículas dotadas de masa. La luz es lo único que no fue afectado por esa magnitud que iba creciendo (que se llamó campo inflacionario).

Y POR ÚLTIMO...

Al escapar la luz del plasma inicial, se iluminó el Universo débilmente. La siguiente etapa duró aproximadamente mil millones de años y se originó la primera estrella y miles de millones de estrellas hasta llegar al cielo que sabemos que está ahí, en el que vivimos inmersos, algunas de cuyas estrellas y otras estructuras podemos contemplar en noches despejadas. Ignoramos tantas cosas, pero poco a poco vamos aprendiendo y mejorando nuestro conocimiento y por tanto mejoramos nuestra vida, y la de aquellos que irán detrás de nosotros. La luz de nuestra confortable casa, de nuestras calles y de los animales como las luciérnagas que la producen es igual que aquella luz inicial. Y todavía nos tiene mucho que enseñar y muchas sorpresas que proporcionarnos.

Sabías que... A pesar de los apuntes del sacerdote belga Georges Lemaître y de las observaciones de Edwin Hubble sobre el origen del Universo a partir de un átomo primigenio, la teoría de Big Bang deja muchas preguntas importantes sin respuesta.

La gravedad

Tal y como se concibe en la actualidad, la gravedad ha resultado ser un fenómeno interactivo de una extraordinaria complejidad, mucho mayor de la que inicialmente se concebía.

Agujero negro o una estrella de neutrones y gas tirando de una estrella compañera en órbita.

En ese sentido tiene poco que ver con la visión sosegada del Universo newtoniano estático, que hasta hace una centuria era la única mirada y nos permitió comprender muchos fenómenos del Universo, y que sigue siendo útil en problemas de escala humana.

DE NEWTON A EINSTEIN

En cierto sentido, el campo gravitatorio resulta bastante sorprendente: por una parte es la interacción fundamental que creemos conocer mejor (o quizá es con la que estamos más familiarizados), y su estudio y formulación es uno de los aspectos más exhaustivos para la construcción de la ciencia moderna; y, por otra, es una guía para interrogarnos a nosotros mismos sobre la naturaleza en general, y en particular sobre las propiedades del espacio y del tiempo y darnos cuenta de la perplejidad que nos produce. Pensar acerca de la gravedad nos lleva a formularnos algunas preguntas importantes: ¿cuándo ha nacido el Universo?, ¿cuánto tiempo durará?, ¿podemos saber cuál es su tamaño? O también si es posible crear un nuevo espacio y nuevo tiempo, o si durará infinitamente lo que existe, etc.

LA IMPORTANCIA DE LA DISTRIBUCIÓN DE MASA Y LA INTERACCIÓN GRAVITATORIA

Canónicamente la interacción gravitatoria es una de las cuatro interacciones fundamentales con las que se describe la naturaleza; en realidad ahora se sabe que son tres, pero se continúa clásicamente hablando de las cuatro fuerzas fundamentales: electrodébil (desglosada en la electromagnética y la débil), fuerte y gravitacional.

Así pues, la gravitación a través del conocimiento del mundo físico en nuestros días ha adquirido un estatus algo diferente al que tenía en los siglos anteriores; en ese sentido la actual teoría gravitatoria es la Teoría de la Relatividad General Se podría decir que sin la interacción gravitatoria (directamente relacionada con la masa) las otras interacciones no resultarían tan relevantes, como lo son de hecho en el Universo actual, y esto es debido a la gran importancia que tiene la distribución de la masa en él. Imaginemos por ejemplo que la masa total del Universo estuvies

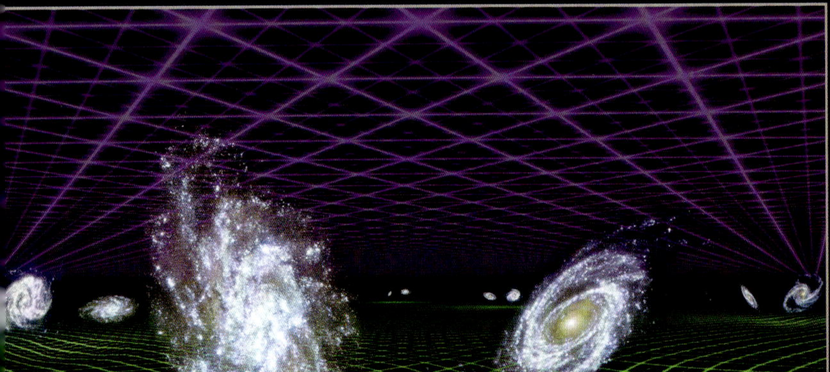

En esta ilustración la energía oscura está representada por la rejilla púrpura, y la gravedad por la rejilla verde. La gravedad emana de toda la materia en el Universo, pero sus efectos son localizados y disminuye rápidamente a grandes distancias. La energía oscura es una fuerza suave y uniforme que ahora domina sobre los efectos de la gravedad.

Las estructuras galácticas de mayor tamaño que se pueden observar son los cúmulos de galaxias; que su número aumente o disminuya depende sensiblemente de los constituyentes disponibles del Universo, y estos a su vez se determinan por la propia evolución y desarrollo del mismo. Por tanto depende de la cantidad de materia disponible. Además la abundancia de materia en el

Sabías que… Decimos que la Teoría de la Relatividad General presentada en 1915 reformula la noción del campo gravitatorio (que contiene a la idea newtoniana a la escala adecuada) y explica la evolución del Universo desde el Big Bang, el colapso gravitacional y los agujeros negros (objetos compactos aislados del espacio tiempo), y también las ondas gravitacionales.

Nacimiento de la Astrofísica

Durante el siglo XIX se desarrolló un nuevo método de trabajo para la investigación astronómica que se denomina «análisis espectral» relacionada con el estudio de las radiaciones, que permitió el estudio de las características de los cuerpos celestes, con el auxilio del conocimiento de la luz.

Esta herramienta se encuentra en el origen de la Astrofísica; anteriormente la Astronomía se había ocupado de otros asuntos, por ejemplo, del conocimiento de las órbitas de los planetas, los satélites y los aspectos más mecánicos del cielo.

LOS COLORES Y LA ASTRONOMÍA

El origen y la naturaleza de los colores siempre interesaron a los físicos. Newton dio una explicación bastante buena de este fenómeno: afirmaba que la luz visible es resultado de la superposición de todos los colores que forman el arco iris. Por otra parte, también conviene señalar que la atmósfera impide el paso de radiaciones de longitud de onda muy alejada de la parte visible del conjunto de todas las radiaciones que forman la luz (el espectro) o, dicho de otra manera, nuestros ojos están adaptados a utilizar bien una buena parte de la radiación que llega a la superficie terrestre, pero no toda.

¿QUÉ ES LA LUZ Y POR QUÉ ES TAN IMPORTANTE?

En el siglo XIX, J. C. Maxwell (1831-1879) contribuyó decisivamente al conocimiento de la luz al unir los fenómenos eléctricos y magnéticos en un solo tipo de fenómeno que podría tener dos aspectos importantes: electricidad y magnetismo, que llamó «campo electromagnético (recordemos que un campo es una región espacial con una magnitud física distribuida en él).

LUZ, ELECTRICIDAD Y MAGNETISMO

En la época en la que Maxwell trabajaba, se sabía que un campo magnético variable genera un campo eléctrico. El científico mostró la recíproca: un campo eléctrico variable es el origen de un campo magnético, que a su vez, da lugar a un nuevo campo eléctrico; así, de la variación inicial se genera una onda electromagnética.

TELESCOPIO DE RAYOS X Y EL ESPECTRO ELECTROMAGNÉTICO

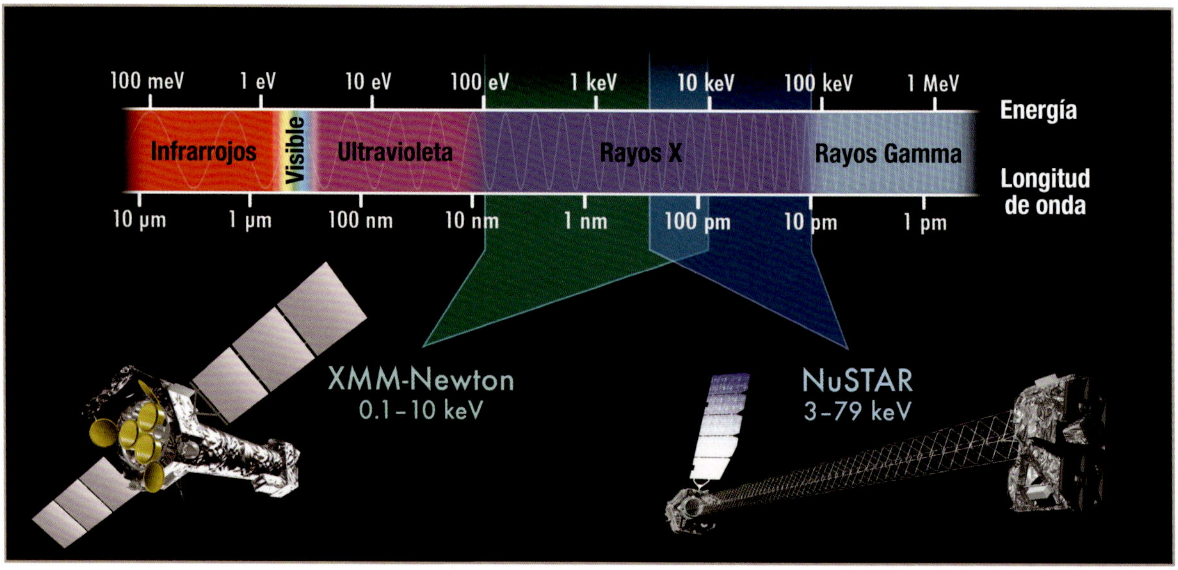

Esta gráfica representa el espectro electromagnético, destacando la porción de rayos X. El telescopio espectroscópico nuclear (NuSTAR) de la NASA y el telescopio XMM-Newton de la Agencia Espacial Europea se complementan entre sí para ver los diferentes colores de luz de rayos X. La energía se mide en kiloelectron voltios (keV).

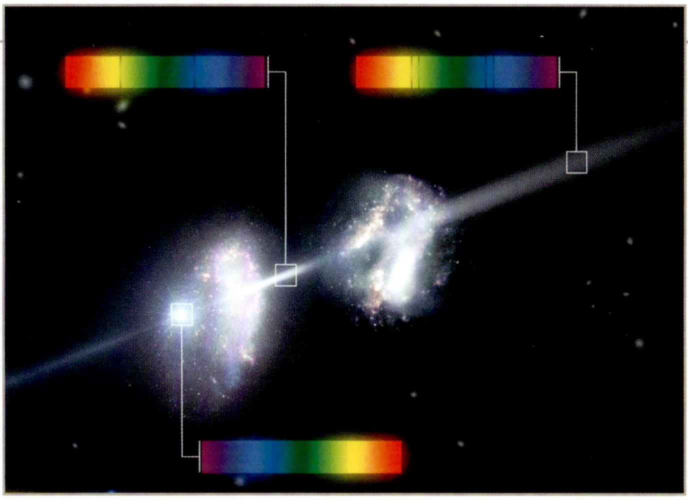

La explosión de la izquierda es un estallido de rayos gamma. La luz de la explosión pasa a través de las dos galaxias en el camino a la Tierra, algunos colores son absorbidos por el gas frío en las galaxias, dejando líneas oscuras en el espectro. Un estudio de estos espectros han permitido descubrir que estas dos galaxias son ricas en elementos químicos pesados.

Hacia 1860 se sabía que la velocidad de propagación de las ondas electromagnéticas es de 300.000 km/s; por otra parte, otros dos físicos, Fizeau (1819-1896) y Foucault (1819-1868), habían ingeniado y preparado un diseño experimental para medir la velocidad de la luz, y habían encontrado que es muy parecida a la de las ondas electromagnéticas ; o sea, que la luz se explica muy bien como una onda electromagnética.

ANTECEDENTES

En realidad, la visión de la luz como una onda tiene un origen previo. C. Huygens (1629-1695) propuso el carácter ondulatorio de la luz, frente a Newton, que defendía la teoría corpuscular; es decir, que la luz era una partícula (esta última había prevalecido históricamente, pues predecía muchos fenómenos bien conocidos). Aunque debido a los nuevos hallazgos científicos, en el siglo XIX se retomaron las ideas ondulatorias para explicar las características de la luz.

QUÉ ES UNA ONDA LUMINOSA

Para describir una onda, que se puede visualizar como una cuerda que vibra, resulta muy útil un parámetro: la longitud de onda (la distancia entre dos ondas sucesivas). El color y la longitud de onda están relacionados. Para todos los colores que forman la luz, la longitud de onda varía en una franja muy estrecha de valores, entre 380-800 nm (nm es la abreviatura de nanómetro que es 0,000000001 metros), una unidad pequeñísima, pero el conjunto de las longitudes de las ondas electromagnéticas (el espectro) es mucho mayor, y eso lo saben y aprovechan bien los astrónomos. De hecho, en Astronomía, resulta especialmente interesante lo que ocurre con las ondas electromagnéticas no visibles que describieron los físicos en el siglo XIX.

W. Herschel (1738-1822) estudió el conjunto de las longitudes de onda de la luz solar (su espectro) con la ayuda de un prisma y un termómetro. Y observó que en la zona visible del espectro se producía una notable elevación de la temperatura. Más allá del rojo, la temperatura permanecía elevada. Hoy ,el infrarrojo es bien conocido. En otras regiones de radiación de longitud de onda inferior a la luz visible, encontramos el ultravioleta, los rayos X, los rayos gamma y otras radiaciones más energéticas. Así, poco a poco, del estudio del espectro electromagnético adquirido al observar los cuerpos celestes, los astrónomos comenzaron a darse cuenta de que obtenían mucha información estructural. Por ejemplo, la composición química, o la temperatura.

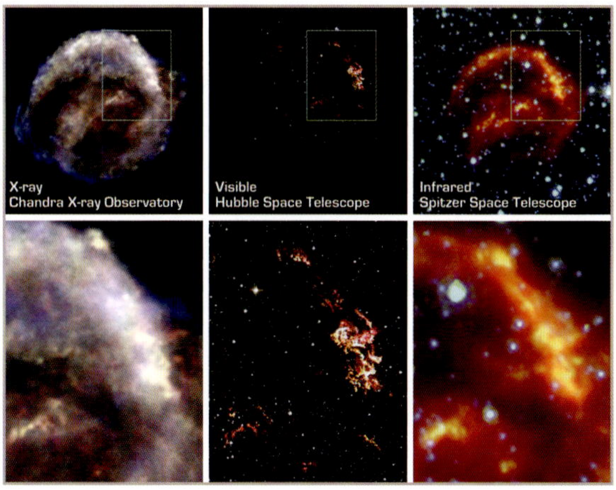

Estas imágenes representan puntos de vista de remanente de la supernova de Kepler tomada en los rayos X, la luz visible y la radiación infrarroja.

Sabías que… La temperatura está directamente relacionada con el color del cuerpo. Por ejemplo, la superficie del Sol está entre 5.000 y 6.000 °C y aparece blanca, pero el efecto de la atmósfera la presenta de color amarilla.

Astronomía actual

Los avances tecnológicos como los grandes telescopios han dado como resultado una inmensa ampliación de la ventana a través de la cual observamos el Universo.

ENTRE LA REALIDAD Y LA IMAGINACIÓN.

La Teoría de la Relatividad que presentó Einstein en 1915 nos ha hecho cambiar la visión del mundo y es en cierto modo la puerta que abre el paso al nacimiento de la Astrofísica moderna. En realidad la Astrofísica nació de la profundización del conocimiento de la luz en el siglo XIX.

Por eso el estudio de la Astrofísica avanzó enormemente en parte por la adquisición de los conocimientos empíricos y experimentales combinados con el desarrollo de los aspectos técnicos y en parte porque dejó de ser bastante teórico gracias al extraordinario desarrollo de los instrumentos de observación que tuvo lugar en las décadas finales del siglo XX.

El desarrollo de los instrumentos de observación astronómica está ligado a las técnicas de detección y análisis que abarcan todo el espectro luminoso: desde los rayos X hasta las ondas de radio, pasando por el espectro visible, todo esto unido con las técnicas informáticas de análisis de imágenes, el uso de láseres cada vez más complejos, y todos los dispositivos espaciales, principalmente los telescopios en el exterior, cuando han abandonado nuestra atmósfera y se han liberado de la multitud de inconvenientes para la observación de la protectora capa gaseosa que envuelve el planeta.

LO QUE ENSEÑA EL TELESCOPIO HUBBLE

El telescopio espacial Hubble ha proporcionado información visual de gran valor científico. En 1990 fue puesto en órbita por el Discovery de la NASA.

Este telescopio se construyó con la posibilidad de acceder a nuevas mejoras, equipos de astronautas pueden visitarlo y recoger información pero sobre todo aportar nuevo instrumental.

A partir de 1960 se han observado nuevos objetos, como las estrellas de neutrones y los púlsares. Las estrellas de neutrones están a punto de morir, ya que han acabado con todo su combustible nuclear, así es que pueden finalizar en una gran explosión y con expulsión de materia, sobre todo la que está en el borde, mientras que la parte central colapsa gravitatoriamente resultando un objeto de gran densidad.

Por su parte, los púlsares, que son objetos similares a los anteriores, pero girando a gran velocidad, así emiten de manera pulsante haces luminosos muy intensos.

Los púlsares binarios (parejas de púlsares) han desempeñado un importante papel en la verificación de la Teoría de la Relatividad General de Einstein. El descubrimiento de estos objetos proporciona las primeras

El telescopio espacial Hubble se sitúa en el límite de la Tierra y el espacio en esta fotografía, tomada después de la segunda misión de mantenimiento del Hubble en 1997.

Esta ilustración muestra el entorno del agujero negro supermasivo en el centro de la galaxia activa NGC 3783 en la constelación austral de Centaurus (El Centauro).

señales que parecen confirmar la predicción más asombrosa, las ondas gravitacionales.

EL FUTURO DE LA ASTRONOMÍA

Para detectar ondas gravitacionales existen grandes proyectos internacionales en marcha: «Virgo», patrocinado por Italia y Francia; «Geo», que lo pilota Alemania; «Tama», llevado por Japón; «Lisa», un ambicioso proyecto copatrocinado por Europa y Estados Unidos, y «Ligo», de Estados Unidos, que es el que ha conseguido detectar en primer lugar la producción de ondas gravitacionales, emitidas en la colisión de dos agujeros negros. El objetivo del proyecto «Lisa», pretende mejorar la precisión con la cual las ondas gravitacionales se captan aumentando la distancia que separa los espejos algunos millones de kilómetros, lo que se debe efectuar en el espacio.

Las ondas gravitacionales posiblemente sustituirán a la luz como método de observación y estudio del espacio. Esto es debido a que la materia absorbe menos las ondas gravitacionales que la luz, lo que debe posibilitar una mejor observación de los objetos distantes.

Seguramente muchos lectores habrán visto Star Treck. En esta película aparecen agujeros negros y así han acostumbrado al público espectador no experto a esta nomenclatura. Muchas películas de ciencia ficción sirven para familiarizarnos, aunque se debe tener cuidado, ya que suelen contener errores científicos; lo mismo se puede decir de la literatura clásica de Ciencia.

Los agujeros negros a veces se representan como una especie de torbellinos, una mezcla entre un huracán tropical y un sumidero de un lavabo, todo visualizado con mucho detalle y mucha fuerza.

LA REALIDAD ES A VECES MÁS EMOCIONANTE QUE LA FICCIÓN

Pero en ocasiones la realidad supera con mucho la ciencia ficción: por ejemplo, supongamos un sistema binario en el cual uno de los elementos es un agujero negro; es decir, un objeto invisible, mientras que su compañero es una estrella visible. El astrónomo observa que la estrella gira alrededor de «nada» (ese nada en realidad es el agujero negro). El telescopio Hubble, por ejemplo, ha aportado una buena colección de imágenes, donde las estrellas se ven dando vueltas alrededor de una especie de centro vacío.

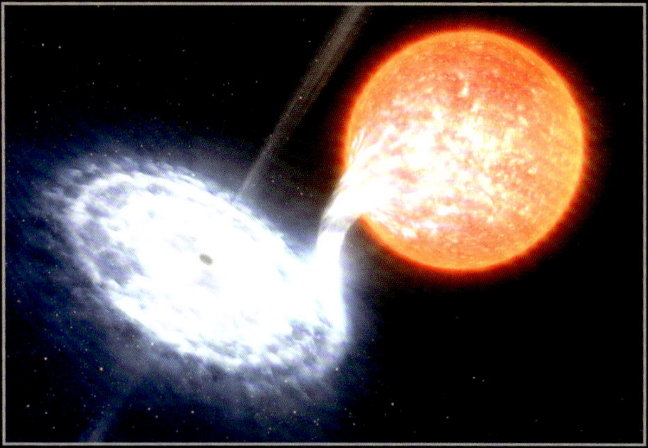

INSTRUMENTOS USADOS POR HUBBLE

- NICMOS:Cámara y espectrómetro multiobjeto del infrarrojo cercano.
- ACS: Cámara avanzada para sondeos (parcialmente estropeada).
- WFC3: Cámara de gran angular 3.
- STIS: Espectrógrafo de imágenes del telescopio espacial.
- COS: Espectrógrafo de orígenes cósmicos.
- FGS: Sensores de guiado fino.

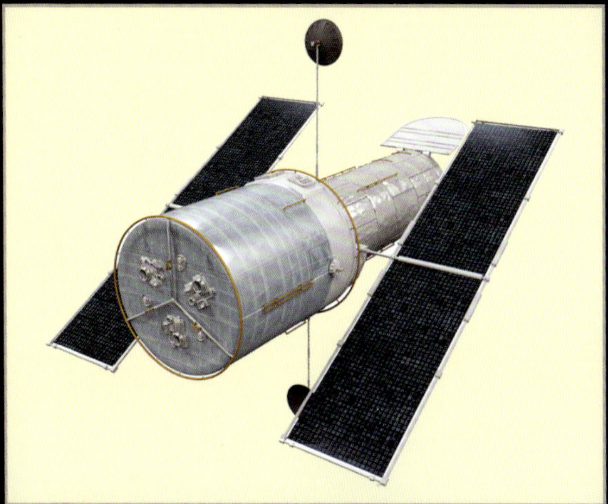

Materia oscura

La Teoría de la Relatividad de Einstein nos enseña que la masa hace que el espacio se curve a su alrededor. Y de ahí se deduce fácilmente que una gran masa puede alterar el curso de la luz que viaja en sus proximidades, digamos «doblándola».

Los astrónomos comprobaron estos hechos en 1919, al observar que las estrellas situadas en las proximidades del Sol durante un eclipse solar total no aparecían en la posición que les correspondía, sino que estaban descolocadas, como consecuencia del efecto de la inclinación forzada por la gravedad.

En resumen, si la idea de Einstein de que es posible que la luz se doble en las proximidades de un objeto astronómico, (¡y pasa por tantos!), esto puede hacer que un observador vea muchas imágenes a partir de la misma fuente de luz. Así, por ejemplo, pueden llegar hasta nosotros fotones que originariamente no estaban dirigidos hacia la Tierra.

En esta imagen podemos ver dos grandes galaxias espirales, así como una galaxia que ofrece estrellas jóvenes azules. También podemos ver pequeñas galaxias visibles en el fondo. Estas galaxias contienen con frecuencia núcleos galácticos activos alimentados por agujeros negros supermasivos, así como grandes cantidades de materia oscura.

LENTES GRAVITACIONALES Y SU UTILIDAD

Como resultado de los juegos luminosos antes descritos, se producen los efectos denominados lentes gravitacionales, debido a que en nuestra apreciación desempeñan la tarea de una lente de vidrio.

Aprovechándose de estas propiedades, los astrónomos son capaces de calcular la masa de un cúmulo (clúster) de galaxias y además la distribución de dicha masa en el seno de dicho cúmulo. Esto se debe a que la cantidad y la distribución de la masa es determinante para detectar cómo se curva la luz, y por tanto las imágenes que percibimos.

Los astrónomos que se ocupan de estos trabajos se han divertido siempre mucho observando que los campos gravitacionales presentan mayor cantidad de masa que la que se estimaba por las formas percibidas que se originan de las nubes de polvo y gas constituyentes de la galaxia.

LA MATERIA OSCURA

Esta cantidad de masa extra con la que no se contaba inicialmente, que se halla situada entre las galaxias donde no tenemos evidencia de la existencia de objetos estelares, se denomina materia oscura.

Este hecho sirvió también para resolver un problema colateral que existía desde tiempo atrás: el modelo estándar de la Física predecía que la enorme velocidad con que las galaxias espirales orbitan alrededor del centro de la galaxia debería ser menor lejos del centro que en las proximidades del mismo. No obstante, los cálculos mostraron que de hecho las estrellas se mueven casi de manera uniforme alrededor de la galaxia, sin importar cuán alejadas del centro se encuentren en la galaxia. Esto conllevaría la idea de que hay más materia de «esa que no se ve» alrededor de las fronteras exteriores de la galaxia.

Algunos físicos de partículas creen que la materia oscura no está constituida por el mismo tipo de partículas elementales que forman la materia normal (la materia bariónica; es decir, los protones y los neutrones que forman la Tierra, el Sol y las estrellas). Cuando los astrónomos hacen los cálculos sobre la materia

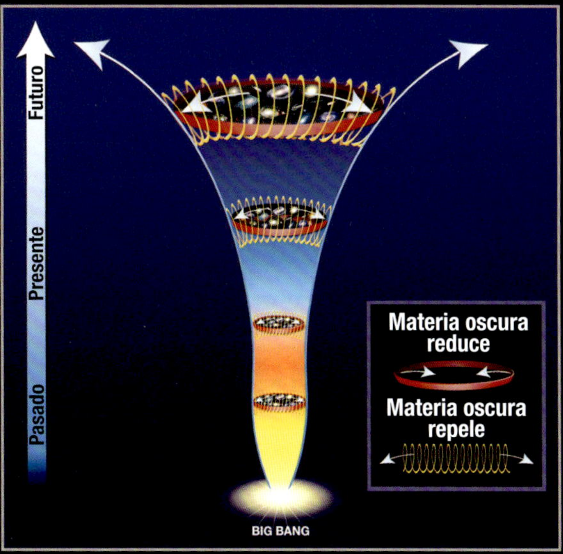

Los científicos han descubierto que la energía oscura no es un nuevo constituyente del espacio, sino que ha estado presente durante la mayor parte de la historia del Universo.

existente en el Universo, encuentran que el porcentaje de la materia no bariónica (la normal) debe ser del 23% (WIMP Weakly Interacting Massive Particle).

LA ENERGÍA OSCURA

¿Qué es lo que hace que el Universo se expanda cada vez más rápidamente? Podría ser que la idea de Einstein de la constante cosmológica sea correcta, lo que significa que cualquier fuerza repulsiva constante está acelerando la expansión del Universo. Una explicación posible es que la ausencia total de sustancias (el vacío) en el seno del espacio sin objetos de materia «normal»; es decir, el hueco vacío, contiene alguna clase de energía que gobierna la aceleración. A esta energía los astrónomos la denominan la energía oscura del Universo. Esta energía podría ser la célebre constante cosmológica del Universo de la que todo el mundo habla, pero cuyos secretos solo conocen los expertos.

Observando las supernovas distantes, los astrónomos han podido mirar hacia atrás en el tiempo y descubrir que el Universo se comporta según las predicciones de los modelos conocidos.

El tirón gravitacional entre las galaxias es tan fuerte que puede incluso hacernos pensar que la materia oscura existe desde que se formó el Universo primigenio e intenta separar las galaxias, aunque sin poder superar totalmente la gravedad. Pero en el transcurso del tiempo, las galaxias se irían alejando lo suficiente para que su tirón gravitacional fuese debilitándose hasta el punto en el que el efecto de la energía oscura empezara a superar el tirón gravitacional. En ese instante, la energía oscura comenzaría a hacer que las galaxias vayan separándose, y el Universo se vaya expandiendo de modo acelerado.

El Universo parece estar cambiando dinámicamente. Pero no sabemos qué ocurrirá en último extremo una vez haya transcurrido una gran cantidad de tiempo.

EL DESTINO FINAL DEL UNIVERSO

No estaría de más saber en qué tipo de Universo vivimos. Si aceptamos el modelo teórico de Friedmann-Lemaître-Robertson-Walker (FLRW), que son los abogados defensores de la expansión cósmica, la historia es relativamente sencilla, el hecho de la expansión del Universo depende de la curvatura del espacio y la curvatura está en relación directa con la densidad de la materia, hay diversos finales posibles para el Universo que dependen de los diferentes valores que adquieran las variables, por ejemplo la radiación cósmica de fondo, la diferencia de temperatura, y otras. Todas estas teorías modifican en última instancia la teoría del Big Bang.

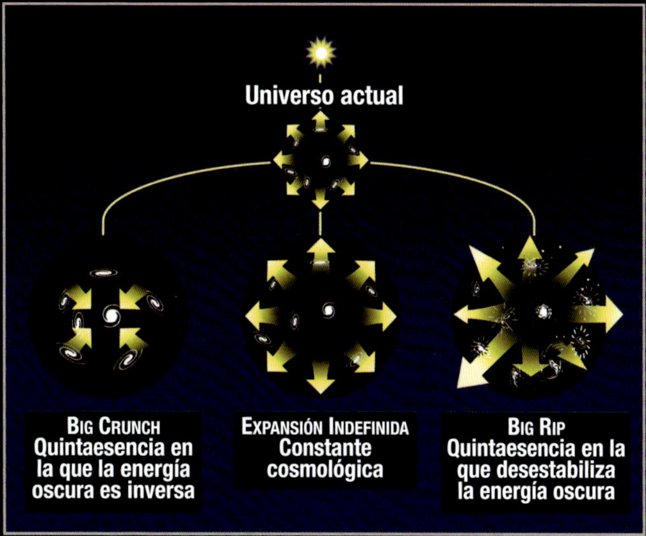

Enanas marrones

Ni estrellas ni planetas, pero ¿qué son estos objetos desconocidos? Este tipo de estructuras se encuentran al buscar cómo se distribuye y ordena la masa que existe en el Universo.

Las enanas marrones son cuerpos a mitad de camino entre las estrellas y los planetas gigantes tipo Júpiter. Si tuvieran el mismo tamaño que Júpiter, tendrían una densidad comprendida entre 10 y 70 veces la del planeta. En la década de 1960, se comenzó a especular sobre su existencia y se hicieron los primeros modelos teóricos que animaron a comenzar su búsqueda.

El hecho es que los estudios teóricos habían hecho suponer a los científicos que cuanto mejor se conocieran estos objetos, sabríamos por ejemplo si cabía la posibilidad de que existieran en gran número en la galaxia.

ENANAS MARRONES, MATERIA OSCURA Y EXOPLANETAS

El interés en esta búsqueda reside en que este conocimiento resulta muy interesante para poder determinar algunos de los problemas que produce la materia oscura del Universo. Como además se pensaba que las enanas marrones posiblemente estuvieran dotadas de atmósferas muy similares a las de los planetas gigantes, su conocimiento sería de ayuda para la búsqueda de exoplanetas (en la época en la que hablamos todavía no se había detectado ninguno).

Tras intensos trabajos de rastreo se encontraron las primeras enanas marrones en el cúmulo estelar de las Pléyades, previamente se habían hallado bastantes objetos que no tenían ni la luminosidad ni la temperatura superficial suficientemente bajas como para suponer que se había traspasado el umbral de la combustión del hidrógeno que servía de frontera para diferenciar los objetos que son estrellas de los que son enanas marrones.

Para efectuar todo este trabajo se utilizaba la espectrografía, que se desarrolló en el siglo XIX a partir de la teoría electromagnética de la luz, y que ha resultado crucial en el desarrollo de la Astrofísica posterior.

El estudio de las enanas marrones, por ser objetos límite, ni estrellas ni planetas, nos da mucha información adicional sobre la estructura del Universo.

El telescopio Hubble proporcionó imágenes de una enana marrón y de su compañera; en los casos similares a este se habla de las «binarias marrones». Posteriormente se han detectado objetos de muy baja masa, incluso de masa similar a la planetaria.

El gran número de estudios y experimentos que se han realizado en torno a estos objetos permite estudiar los ambientes cosmológicos adecuados para que se formen objetos de baja masa.

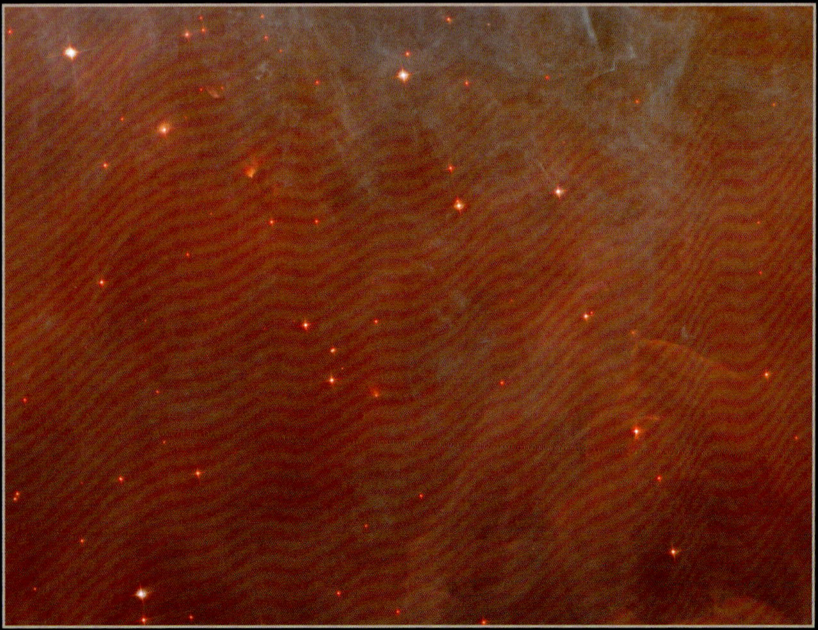

Las débiles estrellas rojas, en primer plano, de esta imagen, son las enanas marrones que el Hubble vio por primera vez en la nebulosa de Orión en luz visible.

CÓMO SE FORMAN ESTRELLAS MASIVAS

Las estrellas masivas son aquellas cuya masa es ocho veces superior a la masa del Sol. Este tipo de estrellas son constituyentes clave en las galaxias, ya que determinan su apariencia y su evolución.

Ilustración que representa el sistema binario 2M J044144 que muestra la enana primaria de color marrón que se estima que es aproximadamente 20 veces la masa de Júpiter (a la izquierda) y su compañera que se estima en 7 veces la masa de Júpiter (a la derecha).

inyectan energía en el medio interestelar y regulan la tasa de formación de estrellas. Además, son responsables de la producción de los elementos pesados necesarios para la vida, como el oxígeno, el carbono, el calcio o el hierro. Se conoce bien la importancia de estas estrellas en todos estos procesos; sin embargo, lo que no está muy bien estudiado es el mecanismo de formación. Entre las posibilidades que se barajan está que las estrellas se formaron por la fusión de muchas estrellas de menor masa. Sin embargo, el proceso es similar al que tuvo lugar cuando se formó nuestro Sol; es decir, un colapso gravitatorio.

En la formación de las estrellas de pequeña masa, los movimientos de rotación, colapso y expansión son los procesos básicos y cruciales. Pero, durante mucho tiempo no se observaron estos procesos simultáneamente en el mismo objeto estelar. En un trabajo de campo que se llevó a cabo durante las primeras etapas del estudio de estos objetos, se centró en la observación en un objeto muy joven, cuya masa era unas 20 veces superior a la del Sol, y buscó hechos y evidencias que se pudieran detectar mediante observación continuada y controlada. Y por vez primera se detectaron los tres procesos básicos en la formación estelar indicados.

Imagen de la región de formación de estrellas NGC 3603 que contiene uno de los más impresionantes cúmulos de estrellas jóvenes y masivas en la Vía Láctea.

Sabías que… Para los lectores interesados en estar a la última en investigación quizá les guste saber que se está estudiando la relación entre la luminosidad-masa para enanas marrones y que se han descubierto binarias eclipsantes (las que se ocultan una a otra, debido a su posición relativa) de muy baja masa y de planetas orbitando enanas marrones.

Universo luminoso

La luz que viaja por el Universo (a la velocidad de 300.000 km/s en el vacío) y nos muestra sus maravillas es en cierto modo muy bromista, actúa como un prestidigitador y nos sorprende con algunos increíbles espejismos de manera similar a como lo hace en la Tierra.

LAS ILUSIONES ÓPTICAS DEL CIELO

El análisis de la luz que llega hasta nuestra posición, que procede de los objetos más distantes del Universo, es el ámbito donde percibimos mayores ilusiones ópticas. No pocas veces esa luz es una especie de «fantasma», pues nos llega como señal de astros que ya no existen, extinguidos en el momento que la detectamos, rastros y restos de explosiones supernovas, objetos en las fronteras del Universo visible.

La Relatividad General cambió la idea clásica de fotón (que es como se llama científicamente a la partícula que transporta la luz).

Este hecho propició un gran avance al renovar la idea de que la materia intercepta la luz; es decir, que la trayectoria que sigue la radiación luminosa se ve modificada por los baches del camino, de manera análoga a un objeto material sobre nuestro planeta que se ve obligado a seguir las rugosidades de la pendiente por la que se desplaza.

Esta mirada relativista de la deformación es muy interesante porque implica la idea de que no existe en la representación del Universo nada absoluto ni independiente (al modo clásico), o expresado de otro modo: la luz debe tener en cuenta a la materia, mientras que el espacio debe considerar al tiempo (y a la inversa). Se trata de un asunto delicado y bonito que lleva a una reflexión: la gravitación, que es la responsable de mantener la masa unida entre sí, forzosamente influye sobre la luz. Newton ya pensaba en esta línea, aunque en su visión corpuscular de la luz (según él pensaba la luz está hecha de partículas, fotones), pues consideraba que estas pequeñas partículas, en la proximidad de un cuerpo masivo, se podían desviar. La idea de que la luz es una onda, gracias a un experimento realizado en 1803, desechó esta idea de la desviación incompatible

A primera vista, en esta imagen aparecen dos galaxias entrelazadas y que se fusionan para formar una, pero es un efecto de perspectiva. Por casualidad, estas galaxias parecen estar alineadas desde nuestro punto de vista. En el primer plano, la irregular galaxia enana PGC 16389, vista aquí como una nube de estrellas, cubre su galaxia vecina APMBGC 252 + 125-117, que parece como una raya.

Esta imagen del telescopio espacial Hubble muestra un «anillo» de materia oscura en los cúmulos de galaxias ZwCl0024 + 1652. Aunque los astrónomos no pueden ver la materia oscura, pueden inferir su existencia mediante la asignación de las formas distorsionadas de las galaxias del fondo.

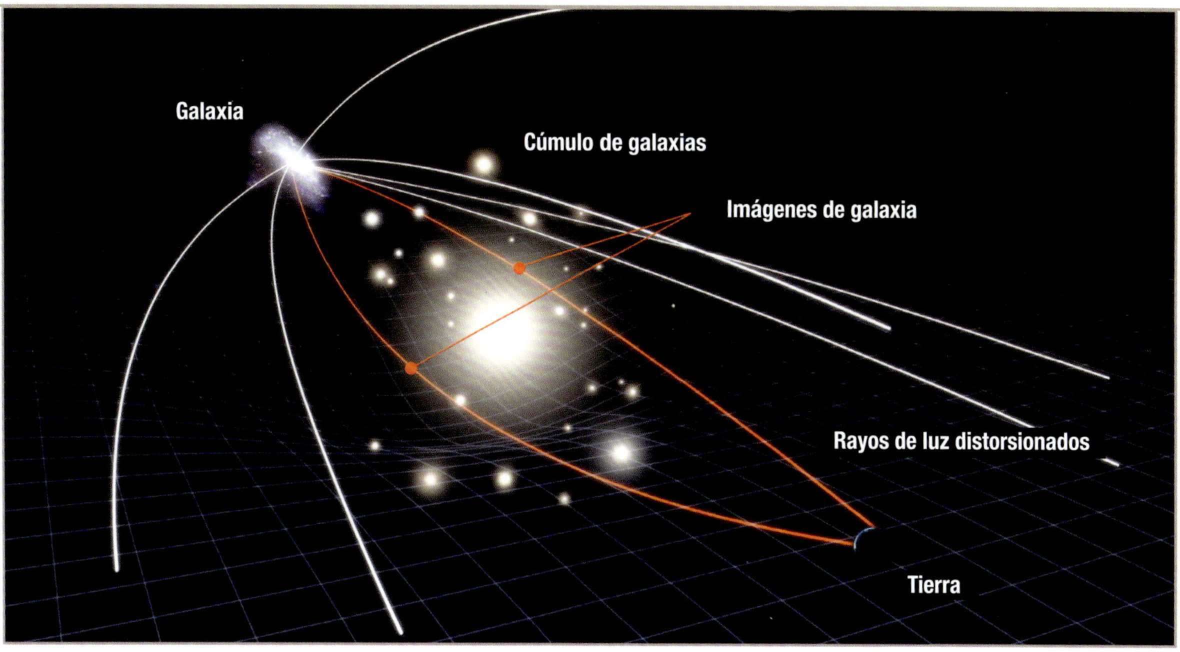

Esta ilustración muestra un fenómeno conocido como lente gravitacional y el efecto producido sobre las partículas de luz.

con las propiedades de las ondas. Pero Einstein la retomó y le dio nueva forma.

LAS LENTES GRAVITACIONALES

La Relatividad General es un marco en que nos aparece un concepto de valor explicativo muy interesante, el de lente gravitacional.

Los espejismos producidos por los efectos gravitacionales a veces distorsionan lo que nosotros captamos, percibimos, vemos o detectamos, pero no tienen solo ese carácter deformador, sino que también actúan como amplificadores de imágenes y como multiplicadores de imágenes. Las lentes gravitacionales producen sobre las partículas de luz (fotones) un efecto similar al de las lentes de vidrio, así a veces fotones no dirigidos «directamente» hacia la Tierra. Al interceptar estas «lentes», nos envían imágenes múltiples del objeto.

Sin embargo, en la práctica, la idea de conseguir detectar galaxias alineadas para producir efectos lenticulares no es sencilla y ni siquiera es fácil con el auxilio del telescopio espacial Hubble (magnífico fotógrafo).

En realidad hasta el descubrimiento de los cuásares (galaxias primitivas muy luminosas, objetos cuasiestalares) en los años 60 no se pudo retomar esta cuestión de modo empírico y dar un paso más en los estudios.

UN DESCUBRIMIENTO SORPRENDENTE

En el año 1979 se observó por azar un espejismo. El hallazgo se debió a un grupo de astrónomos que estaba cartografiando el cielo.

Los dos cuásares protagonistas resultaban bastante próximos (separados cuatro segundos de arco) y ambos presentaban la misma luminosidad e idénticas propiedades de otras radiaciones similares, lo cual es un fenómeno bastante extraño. Las ideas explicativas que circularon entonces fueron de dos tipos: o se trataba de un cuásar doble, o de un espejismo gravitacional.

La solución se encontró en 1979, cuando se identificó un cuásar y una galaxia poco brillante que actuaba de lente gravitacional (la segunda opción). Ese momento marcó el comienzo de la historia continuada y perfeccionada de los hallazgos de lentes gravitacionales, y en general la adquisición de experiencia en detectarlas.

Sabías que... Las simulaciones computacionales sirven para comprender procesos astronómicos de gran escala, como choques de galaxias u otros fenómenos no observables en la escala humana y constituyen una interesante fuente de comprensión de estos fenómenos incluida la realización de modelos y la predicción de estos procesos.

Ondas gravitacionales

Las ondas gravitacionales deforman el tiempo y el espacio, y parece que viajan a la velocidad de la luz. La imagen física que nos puede acercar a ellas es la de una onda fluida como una ola del mar que vibra como una cuerda de un violín.

Ilustración que muestra la nave espacial LISA Pathfinder de la ESA, que se lanzó el 3 de diciembre de 2015 y que ayudará a allanar el camino para de detectar las ondas gravitacionales.

El experimento *aLIGO (advanced Laser Interferometer Gravitational-Wave Observatory)* confirmó en directo a toda la humanidad que en septiembre del año 2015 se observaron ondas gravitacionales producidas por la colisión de dos agujeros negros. Este choque de dimensiones descomunales ha sido simulado computacionalmente y cualquiera lo pudo ver por Internet. Para los astrónomos es un fenómeno emocionante y de gran intensidad porque supone un importante avance en el conocimiento del Universo.

HISTORIA DE LA ASTRONOMÍA

En 1915, Einstein (1879-1955) dio a conocer la Teoría General de la Relatividad, que explicaba la gravitación universal, conocida por todo el mundo en su formulación inicial debida a Newton (1643-1727).
En ese mismo año, Schwarzschild (1873-1916) encontró la primera solución a las ecuaciones de Einstein. Esta solución describe un objeto sorprendente para nuestra imaginación: un agujero negro.
Unos meses después, Einstein hizo otra predicción fundamental de su teoría: las ondas gravitacionales. Para entender un poco de qué se trata, se puede pensar por ejemplo en una bola de acero cayendo en tres líquidos diferentes: agua, aceite y glicerina. Todo el mundo tiene la experiencia de que cuanto más viscoso sea el líquido, más lentamente cae la bola. Además, también conviene no perder detalle de las diferentes estelas que la bola va

Ilustración de un agujero negro supermasivo, rodeado por un disco giratorio de material que cae en él. La bola de color púrpura de la luz por encima del agujero negro, una característica llamada «la corona», contiene partículas de alta energía que generan luz de rayos X. Si se pudiera ver la corona con los ojos, parecería ser casi invisible ya que no podemos ver su luz de rayos X.

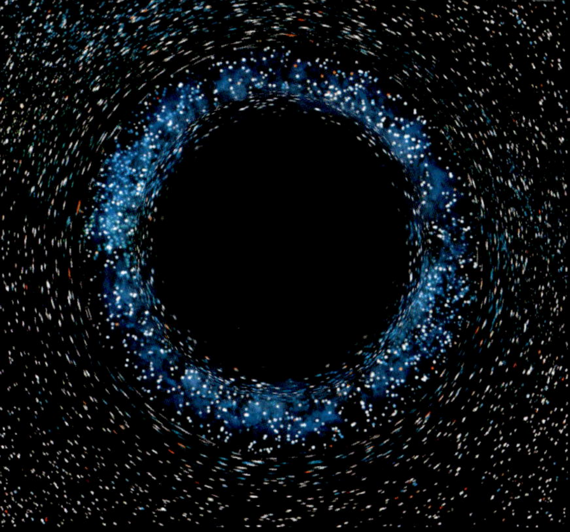

Ilustración de cómo se percibiría un agujero negro de masa estelar.

dejando según va cayendo y atravesando cada uno de los líquidos.

Otro experimento podría ser este en un tubo análogo a los anteriores lleno de tres capas de líquido: una de agua, otra de aceite y otra de agua. Una esfera, al caer por el agua de la parte superior, adquirirá cierta velocidad y al entrar en el aceite (que es más viscoso) se frenará. Tras atravesar esa capa intermedia, volverá a acelerarse a medida que siga cayendo por el agua. Si en vez de aceite usamos otro líquido más viscoso en la capa intermedia, el frenado que sufrirá la esfera al entrar a ese líquido será mayor. Siguiendo con esta línea de razonamiento, no es difícil imaginar que con un líquido suficientemente viscoso, la esfera se frenará y dejará de caer, así es que nunca alcanzará la capa de agua inferior. Para terminar, imaginemos que existe un líquido tan viscoso que ninguna esfera pudiera atravesarlo, sin importar su radio, su tipo o la velocidad con la que penetra en la capa más viscosa. Esta es la analogía buena para entender la solución de Schwarzschild, un agujero negro: una región del espacio-tiempo tan «viscosa» que nada puede atravesarla; ni siquiera la luz.

MIRAR UN AGUJERO NEGRO

Observando todo el espacio-tiempo a su alrededor, con sus estrellas y otros objetos brillantes, al pasar nuestra vista por esta región tan «viscosa», el agujero negro se percibirá como una esfera oscura.

Pero el lector debe saber que los agujeros negros son una solución matemática a las ecuaciones de Einstein y, como tal, no es obligatorio que existan en la realidad. No obstante, desde que se predijeron, los astrofísicos se pusieron a trabajar en su búsqueda. Su naturaleza hace imposible observarlos directamente, pero se puede intentar detectar las consecuencias de su existencia. Actualmente, se describen varios objetos astrofísicos que, si no fueran agujeros negros, sería muy difícil explicar en qué consisten.

UN CHOQUE ENTRE AGUJEROS NEGROS

La monumental colisión entre dos agujeros negros conlleva un intercambio energético y los expertos han hecho los cálculos, los cuales nos indican que la señal que se ha recogido describe este choque. Uno de los agujeros negros cuya colisión se ha detectado tiene aproximadamente 29 masas solares y el otro es 36 veces más masivo que el Sol. El 4,6% de la energía que sumaban se emitió al Universo. Por tanto de este choque nació un nuevo agujero negro que se halla situado a 2.300 billones de kilómetros y restando la masa que se perdió en forma de energía, el nuevo objeto tendría aproximadamente 62 veces la masa del Sol.

¿Qué hubiera ocurrido si esos dos agujeros negros hubieran estado en nuestra galaxia? ¿Qué sucedería si nos viéramos envueltos por una enorme onda gravitacional? ¿Crecería o disminuiría su tamaño? ¿Explotaría? Grandes enigmas.

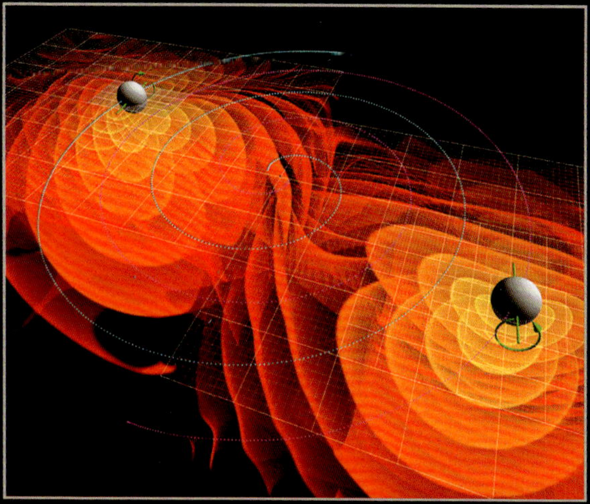

Simulaciones numéricas de las ondas gravitacionales emitidas por el inspiral y fusión de dos agujeros negros. Los contornos de color alrededor de cada agujero negro representan la amplitud de la radiación gravitacional; las líneas azules representan las órbitas de los agujeros negros y las flechas verdes representan sus giros.

Exoplanetas

Un exoplaneta que también se llama planeta extrasolar es un planeta que orbita una estrella en el exterior de nuestro Sistema Solar.

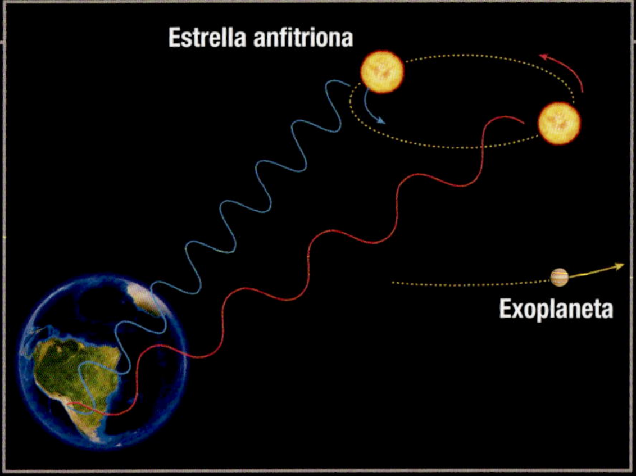

Esquema del método para detectar exoplanetas de velocidad radial.

Los primeros cuerpos planetarios que se descubrieron giran alrededor de una estrella tipo púlsar; el primer exoplaneta se encontró en 1995. Pero el catálogo de hallazgos se va ampliando, y se encuentran planetas orbitando casi cualquier tipo de estrella.

Los exoplanetas tienen una masa tres veces menor que la masa necesaria para que se produzca fusión termonuclear de uno de los isótopos del hidrógeno, que es característico de las estrellas.

El valor máximo de la masa de un exoplaneta que se calcula es unas 13 veces la masa de Júpiter para los que están formados con metales similares a los del Sistema Solar y que orbitan estrellas o remanentes de estrellas.

PRINCIPALES TIPOS DE EXOPLANETAS

La mayoría de los exoplanetas encontrados hasta el momento son los pertenecientes a la familia conocida como *Hot Jupiters* (Júpiter calientes). Estos planetas suelen tener un tamaño y una masa comparable con la de nuestro gigante Júpiter, o incluso mayor, pero orbitan en una zona muy próxima a la estrella que los alberga (aproximadamente cien veces la distancia de la Tierra al Sol). Para nosotros resulta sorprendente porque en nuestro Sistema Solar los planetas gigantes se hallan a una distancia muchísimo mayor del Sol que la encontrada para estos planetas.

CÓMO SE DETECTAN LOS EXOPLANETAS

Existen varios métodos para detectar exoplanetas, según diferentes grupos de trabajo. Cada uno de dichos métodos tiene algunas ventajas, pero también inconvenientes o deficiencias, veamos:

1) **Medidas de la velocidad radial:** por este método se han encontrado muchos exoplanetas. Se basa en un efecto físico, el efecto Doppler, observado

Gracias al uso de una red de telescopios repartidos por todo el mundo los astrónomos descubrieron un nuevo planeta extrasolar significativamente más parecido a la Tierra que cualquier otro planeta encontrado hasta el momento. El planeta, que está a solo 5 veces la masa de la Tierra, gira alrededor de su estrella en unos 10 años.

Ilustración del medio ambiente estelar cerca de la estrella Beta Pictoris. Esta ilustración se basa en observaciones recientes realizadas con el espectrógrafo de alta resolución Goddard a bordo del telescopio espacial Hubble.

frecuentemente en las estrellas más calientes, usando métodos de alta precisión. Este efecto se produce porque la estrella (o la estrella y el planeta) giran alrededor de su centro de masas. En este movimiento se mide la velocidad y el periodo orbital planetario alrededor de la estrella.

Por otra parte, solo es posible observar un número muy limitado de características para una órbita que se aleja de la circular. Encontrar parámetros orbitales de sistemas multiplanetarios es bastante difícil, cada nuevo planeta añade complicaciones a los cálculos, lo que significa que las soluciones son muy poco precisas.

2) **Tránsitos de las curvas de luz:** el método de los tránsitos, que está basado en las misiones espaciales de observación, como la CoRoT y la Kepler. Mediante este método lo que se pretende es encontrar planetas al observar las variaciones que se detectan en la luz emitida por las estrellas cuando se producen tránsitos de los planetas en la parte que se observa la estrella. Con este método se puede medir la densidad de los planetas que transitan y su tamaño. Los tránsitos son raros porque la estrella, el planeta y la Tierra deben estar alineados. Este método de detección ofrece posibilidades de desarrollo en el futuro.

3) **Microlentes gravitacionales:** se basa en hechos conocidos como efectos de la Relatividad General. Si una estrella se alinea con la Tierra y otra estrella (o un objeto brillante), la luz emitida por el cuerpo oculto rodea a la estrella que estamos viendo y puede detectarse por un incremento de luminosidad. La estrella que se ve actúa como una microlentes; así, un planeta que orbite a dicha estrella distorsiona la curva que sigue la luz y de este modo se puede determinar la masa del planeta. Con este método no es posible medir características orbitales con gran precisión, ni la evolución dinámica del sistema.

4) **Imágenes directas:** aquí nos referimos a fotografías. En 2004 un grupo de astrónomos informó de la primera detección de un candidato a planeta gigante de esta manera. A partir de ese momento se han fotografiado por este método con relativo éxito varios sistemas planetarios. Un planeta muy interesante detectado por este sistema es el Beta Pictoris, que está envuelto en una nube de polvo y gas de la que se forman los nuevos planetas alrededor de las estrellas.

5) **Sincronización púlsar:** mide variaciones débiles en las oscilaciones de un púlsar. Este método es muy sensible para planetas pequeños y de poca masa como la Tierra. De hecho, los primeros exoplanetas descubiertos así eran de menor tamaño que la Tierra o similares a nuestro planeta. No obstante, los púlsares que rotan muy rápido albergan núcleos de estrellas muertas y son raros comparados con las estrellas normales pertenecientes a nuestra galaxia.

Esta ilustración muestra el sistema del planeta del púlsar descubierto por Aleksander Wolszczan en 1992. Wolszczan utilizó el radiotelescopio de Arecibo en Puerto Rico para encontrar tres planetas que circunda un púlsar denominado PSR B1257 + 12. Los campos magnéticos del púlsar se destacan por el brillo azul.

Astrobiología

Ya hemos comprobado que en nuestro sistema planetario no parece haber vida, ni trazas prebióticas suficientemente viables, o como mucho quizá en algún satélite planetario podría darse esa posibilidad, al menos de vida químicamente similar a la que conocemos.

Pero la ilusión humana de encontrar formas de vida en nuestro propio barrio planetario responde a un anhelo constante. Esa búsqueda hace que cada vez tengamos más pistas de dónde debemos buscar en nuestro Sistema Solar. Por ejemplo, en nuestras proximidades bajo la superficie de Marte, pero no solo, sino también bajo la superficie helada de Europa y Encelado, o la de Titán (hielo de metano), o en las proximidades de las zonas de actividad volcánica de Ío y de Tritón.

Sin embargo, todas estas posibles huellas se refieren como mucho a formas de vida muy básicas. En nuestro sistema planetario no parece viable que se dé otro tipo de vida más desarrollado que el terrestre.

EXOPLANETAS LLENOS DE VIDA

Al hablar de exoplanetas a veces pensamos también en planetas albergando vida, y se formulan algunas preguntas de este tipo: ¿en cuántos de los planetas descubiertos habría alguna posibilidad de cierta habitabilidad? Muchos de los planetas extrasolares encontrados tienen características similares en dimensiones a Júpiter, pero están situados a la misma distancia de su estrella que Mercurio está de nuestro Sol; es decir, tienen poco que ver con nuestra Tierra.

PLANETAS TERRESTRES

Pero en Astronomía, como en Física en general, siempre hay que estar preparado para sorpresas y así hemos visto que los sistemas planetarios que orbitan en torno a púlsares (que son remantes de supernovas) se asemejan mucho más a los planetas terrestres, si no fuese por el hecho de que son mundos oscuros ligados gravitacionalmente a estos cuerpos. La hipótesis que se acepta normalmente es la de que su origen se deba a la acumulación del material tras la explosión de la estrella. No es descartable, pues, que en un futuro no muy lejano, cuando estemos en condiciones de estudiar sistemas planetarios similares al nuestro, podamos encontrar planetas de características afines a la Tierra y por tanto quizá en alguno haya vida, o sea posible colonizarlo. La existencia de planetas extrasolares similares al nuestro, que telescopios y otros sistemas de detección seguramente nos permitirán localizar, nos ilusiona

Ilustración de un planeta extrasolar, HD 189733b, del tamaño de Júpiter, siendo eclipsado por su estrella madre. Los astrónomos han medido el dióxido de carbono y monóxido de carbono en la atmósfera del planeta y han concluido que el planeta es demasiado caliente para la vida, tal como la conocemos.

Ilustración del planeta que orbita una estrella similar al Sol HD 85512 en la constelación austral de Vela (La Vela). Este planeta es una de las 16 súper-Tierras descubiertas. Es aproximadamente 3,6 veces la masa de la Tierra y se encuentra en el borde de la zona habitable alrededor de la estrella, donde el agua líquida, y tal vez incluso la vida, potencialmente podrían existir.

Sabías que... Los avances científicos han permitido desarrollar sistemas para calcular la probabilidad de descubrir civilizaciones extraterrestres con capacidad para comunicarse entre sí. Dicha capacidad de comunicación es una de las características que definen si una civilización es inteligente y está desarrollada.

porque nos alienta a seguir trabajando en ese sentido.
El tipo de vida terrestre requiere un planeta situado en una zona restringida en las proximidades de su estrella, unas características determinadas en cuanto a su estructura, y un ambiente adecuado, lo cual también conlleva una inclinación concreta del eje de rotación, lo que da lugar a las estaciones, etc.

Como características básicas se piensa en: una química orgánica basada en el carbono; la cantidad de radiación que recibe el planeta debe ser limitada, y la distancia máxima hasta su estrella no debería exceder cinco veces la distancia de la Tierra al Sol, lo cual en nuestro Sistema Solar permitiría incluir a Marte.

En ocasiones, un problema con el que se encuentran los astrónomos es distinguir la luz que procede de la estrella que alberga de la del planeta, lo que permitiría individualizar y analizar los dos objetos por separado y así buscar las señales características de la vida, como el oxígeno molecular. En ese sentido es importante la colaboración de la Biología y de la Geología planetaria.

VIDA INTELIGENTE MÁS ALLÁ DE LAS ESTRELLAS

La búsqueda de vida inteligente es todavía un asunto más complejo pues conlleva cuestiones filosóficas. El principio antrópico establece que el Universo debe ser capaz de albergar vida capaz de observarlo, pero esto siempre puede ser muy discutible y entra en el puro campo de la especulación y lo no verificable.

De hecho, se han desarrollado sistemas para estimar la probabilidad de encontrar civilizaciones extraterrestres dotadas de la capacidad de comunicarse entre sí. Esto es la ecuación que describe las propiedades que debería tener la estructura albergadora de vida.

La capacidad de comunicarse más allá de su ámbito cercano es una característica de una civilización inteligente y desarrollada, lo cual nos llevaría a posibilitar la recepción de ondas de radio. Las ondas de radio se mueven a la velocidad de la luz (300.000 km/s), lo cual es un obstáculo para captarlas dada las inmensas distancias que se dan entre las estrellas. Con nuestro conocimiento actual no podemos enviar señales a velocidad superior a la de la luz.

Matriz de Telescopios Allen, en Hat Creek, San Francisco, California. Estas antenas de Radiotelescopio de 6 m se utilizan para la Radioastronomía y la búsqueda de inteligencia extraterrestre (SETI).

Las constelaciones

El Sol, en su movimiento aparente, nace por Oriente y se pone por Occidente; los demás astros también parecen actuar de forma análoga, excepto la estrella del norte, la Estrella Polar que, en una posición inmutable, ha servido de guía a los viajeros de todos los tiempos.

Una de las primeras cosas que nota cualquier persona que mire al cielo es que la mayoría de las cosas que ve se repiten cada cierto tiempo; es decir, que son cíclicas.

A muchas estrellas, el ser humano las ha ido agrupando de manera caprichosa, según su gusto, imaginación o atendiendo a construcciones mitológicas. Por eso se han ido definiendo las constelaciones de las que todos hemos oído hablar y seguro que conocemos más de uno. Una constelación es una agrupación arbitraria de un cierto número de estrellas destacadas, que en realidad poco tienen que ver entre sí desde el punto de vista astronómico, salvo el hecho de que parecen estar en el mismo sitio visto desde la Tierra, por lo que sirven de

referencia a los observadores del cielo para identificar regiones celestes.

En la actualidad, se contabilizan 88 constelaciones. Los pueblos empezaron a imaginarlas y «formarlas» desde tiempos muy antiguos; por ejemplo, en el *Almagesto* de Ptolomeo aparecen ya mencionadas numerosas constelaciones.

Aunque para estudios científicos no tienen gran utilidad y no se les presta gran atención porque se trata de agrupaciones ficticias, sí tienen una cierta utilidad para identificar las regiones de la esfera celeste.

A continuación, se incluyen en una tabla, según el orden alfabético de su nombre latino, las 88 constelaciones, indicando las latitudes en que son visibles cada una de ellas (para quien esté interesado en conocer las constelaciones clásicas y su ubicación):

Nombre latino	Nombre español	Latitud donde es visible	Nombre latino	Nombre español	Latitud donde es visible
Andromeda	Andrómeda	90° N - 35° S	Canes Venatici	Perros de caza	90° N - 37° S
Antlia	Bomba neumática	49° N - 90° S	Canis Major	Can mayor	56° N - 90° S
Apus	Ave del Paraíso	7° N - 90° S	Canis Minor	Can menor	89° N - 77° S
Aquarius	Acuario	65° N - 86° S	Capricornus	Capricornio	62° N - 90° S
Aquila	Águila	78° N - 71° S	Carina	Quilla	14° N - 90° S
Ara	Altar	22° N - 90° S	Cassiopeia	Casiopea	90° N - 12° S
Aries	Carnero	90° N - 58° S	Centaurus	Centauro	25° N - 90° S
Auriga	Cochero	90° N - 34° S	Cepheus	Cefeo	90° N - 1° S
Bootes	Boyero	90° N - 35° S	Cetus	Ballena	65° N - 79° S
Caelum	Cincel	41° N - 90° S	Chamaeleon	Camaleón	7° N - 90° S
Camelopardalis	Jirafa	90° N - 3° S	Circinus	Compás	19° N - 90° S
Cancer	Cangrejo	90° N - 57° S	Columba	Paloma	46° N - 90° S

Nombre latino	Nombre español	Latitud donde es visible	Nombre latino	Nombre español	Latitud donde es visible
Coma Berenices	Cabellera de Berenice	90° N - 55° S	Norma	Nivel	29° N - 90° S
Corona Australis	Corona del Sur	44° N - 90° S	Octans	Octante	0° N - 90° S
Corona Borealis	Corona del Norte	90° N - 50° S	Ophiuchus	Ofiuco	59° N - 75° S
Corvus	Cuervo	65° N - 90° S	Orion	Orión	79° N - 67° S
Crater	Copa	65° N - 90° S	Pavo	Pavo real	15° N - 90° S
Crux	Cruz del Sur	25° N - 90° S	Pegasus	Pegaso	90° N - 53° S
Cygnus	Cisne	90° N - 28° S	Perseus	Perseo	90° N - 31° S
Delphinus	Delfín	90° N - 69° S	Phoenix	Fénix	32° N - 90° S
Dorado	Pez dorado	20° N - 90° S	Pictor	Caballete del Pintor	26° N - 90° S
Draco	Dragón	90° N - 4° S	Pisces	Peces	83° N - 56° S
Equuleus	Caballo	90° N - 77° S	Piscis Austrinus	Pez del sur	53° N - 90° S
Eridanus	Eridano	32° N - 89° S	Puppis	Popa	39° N - 90° S
Fornax	Horno	50° N - 90° S	Pyxis	Brújula	52° N - 90° S
Gemini	Gemelos	90° N - 55° S	Reticulum	Retícula	23 N - 90° S
Grus	Grulla	33° N - 90° S	Sagitta	Flecha	90° N - 69° S
Hercules	Hércules	90° N - 38° S	Sagittarius	Sagitario	44° N - 90° S
Horologium	Reloj	23° N - 90° S	Scorpius	Escorpión	44° N - 90° S
Hydra	Hidra (gran serpiente)	54° N - 83° S	Sculptor	Escultor	50° N - 90° S
Hydrus	Pequeña serpiente	8° N - 90° S	Scutum	Escudo	74° N - 90° S
Indus	Indio	15° N - 90° S	Serpens	Serpiente	74° N - 64° S
Lacerta	Lagarto	90° N - 33° S	Sextans	Sextante	78° N - 83° S
Leo	León	82° N - 57° S	Taurus	Tauro	88° N - 58° S
Leo minor	León menor	90° N - 48° S	Telescopium	Telescopio	33° N - 90° S
Lepus	Liebre	62° N - 90° S	Triangulum	Triángulo	90° N - 52° S
Libra	Balanza	60° N - 90° S	Triangulum Australe	Triángulo Austral	19° N - 90° S
Lupus	Lobo	34° N - 90° S	Tucana	Tucán	14° N - 90° S
Lynx	Lince	90° N - 28° S	Ursa Major	Osa mayor	90° N - 16° S
Lyra	Lira	90° N - 42° S	Ursa Minor	Osa menor	90° N - 0° S
Mensa	Mesa	5° N - 90° S	Vela	Velas	32° N - 90° S
Microscopium	Microscopio	45° N - 90° S	Virgo	Virgen	67° N - 75° S
Monoceros	Unicornio	78° N - 78° S	Volans	Pez volador	14° N - 90° S
Musca	Mosca	14° N - 90° S	Vulpecula	Zorra	90° N - 61° S

Constelaciones del hemisferio norte y latitudes medias

CÚMULO ABIERTO

CÚMULO GLOBULAR

CÚMULO Y NEBULOSA

Se consideran constelaciones del hemisferio norte no solo aquellas que únicamente son visibles para los habitantes de este hemisferio, sino también todas las que aun siendo visibles en latitudes del hemisferio sur próximas al ecuador se ven más con mucha mayor amplitud en el hemisferio septentrional. Se excluyen de esta descripción las constelaciones del Zodiaco.

NEBULOSA PLANETARIA NEBULOSA REMANENTE DE SUPERNOVA GALAXIA

La mayoría de estas constelaciones son de formación griega y tienen asociada una leyenda, casi siempre cargada de belleza y de tradición literaria, a pesar de ser nombres científicos.
A continuación se describen por orden alfabético las constelaciones visibles a lo largo del año en el hemisferio septentrional.

ANDROMEDA / ANDRÓMEDA

Se trata de una de las constelaciones que se formaron en edad más temprana y su característica principal es que contiene a la galaxia del mismo nombre que es la más próxima a la Vía Láctea y nuestra vecina en el Grupo Local de Galaxias; esta galaxia se puede ver a simple vista en una noche oscura y limpia. La estrella doble Gamma Andrómeda se observa a través de un telescopio. Asimismo, en esta constelación se pueden encontrar el cúmulo abierto NGC752 y la nebulosa planetaria NGC 7662; ambos se aprecian con unos prismáticos.

AURIGA / COCHERO

Como rasgo más característico de esta constelación hay que señalar la presencia de la estrella Capella (Alfa Aurigae), visible a ojo, pero que en realidad es una binaria formada por dos gigantes. Epsilon Aurigae es una estrella variable, binaria eclipsada (una supergigante blanca y su compañera oscura) discernible a simple vista. También en esta constelación son fáciles de ver los cúmulos abiertos M36, M37 y M38 y la nebulosa planetaria IC 2149, que puede observarse con un telescopio de aficionado.

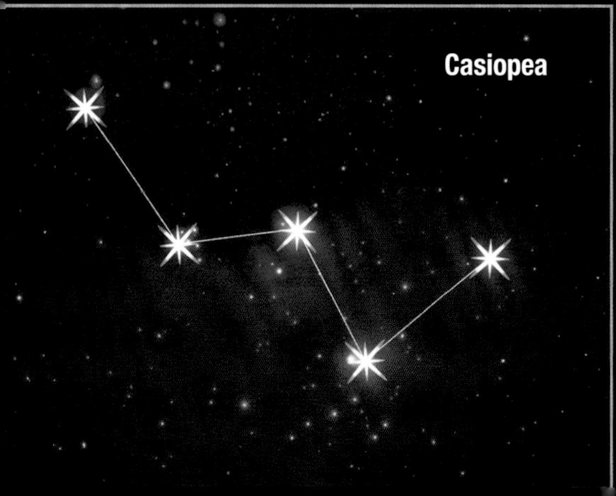

BOOTES / BOYERO

Esta es la constelación desde la que parten las lluvias de estrellas Cuadrántidas. Su estrella más brillante es Arcturo (Alfa Boötis), una gigante roja que se avista a ojo. También pertenece a esta constelación la estrella doble Epsilon Boötis, que solo se distingue con un telescopio.

CAMELOPARDALIS / JIRAFA

Esta tenue constelación norteña fue introducida en el siglo XVI por un astrónomo holandés. Sus principales objetos son la estrella doble Beta Camelopardalis y el cúmulo abierto NGC 1502, visible con prismáticos o con un telescopio.

CANES VENATICI / PERRO DE CAZA

Constelación creada por el astrónomo Hevelius, contiene la estrella doble Cor Caroli (Alfa Canum Venaticorum), visible con un telescopio pequeño. También son observables los cúmulos globulares M3, apreciables a simple vista cuando las condiciones de observación son muy favorables, y la Galaxia del Torbellino (M51), galaxia espiral que se puede ver casi de frente y en la que se detecta perfectamente la estructura espiral (con un telescopio pequeño se ve muy bien su núcleo brillante).

CASSIOPEIA / CASIOPEA

Esta es una constelación muy fácil de distinguir porque sus estrellas más brillantes forman una especie de «W». Las principales son Gamma Cassiopeiae, que es una estrella variable visible a ojo; Eta Cassiopeiae, que es una estrella doble visible con un telescopio; Rho

Cassiopeiae, que es una supergigante amarilla muy luminosa observable a simple vista y mejor con prismáticos, y un par de cúmulos abiertos de estrellas.

CEPHEUS / CEFEO

La constelación de Cefeo es muy septentrional, llega casi hasta el polo norte celeste. Su estrella más brillante es Alfa Cephei (también llamada Alderamin), pero también tienen interés las estrellas Beta Cephei, que es binaria y variable, y se precisa un telescopio para observarla bien. La estrella más brillante, de las dos que forman la estrella doble Delta Cephei, es una supergigante amarilla prototipo de las variables cefeidas, que se utilizan para medir distancias en el medio interestelar. En esta constelación también se halla la estrella Granate (Mu Cephei), que es una variable roja.

COMA BERENICES / CABELLERA DE BERENICE

Esta constelación fue localizada en el siglo XVI por el célebre cartógrafo italiano Gerardus Mercator (1512-1594). Los principales objetos que contiene son la galaxia del Ojo Negro (M64), que es una galaxia espiral visible con un telescopio pequeño, y el cúmulo estelar Coma (Melotte 111), que contiene a la estrella más brillante de la constelación.

CORONA BOREALIS / CORONA DEL NORTE

Es una constelación formada por siete estrellas, la más brillante de las cuales se llama Gemma (Alfa Coronae Borealis).

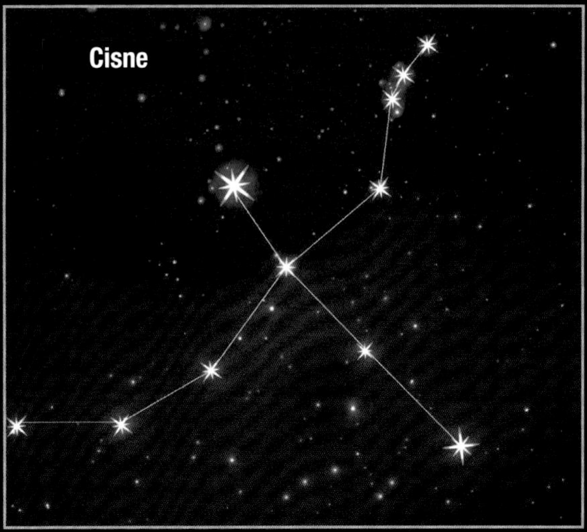

CYGNUS / CISNE

Gran constelación que atraviesa la Vía Láctea y que es llamada también a veces Cruz del Norte, la estrella Deneb (Alfa Cygni), una de las que forman el Triángulo de Verano, es la más brillante (de hecho se ve a ojo), es una supergigante blanco azulada; Albireo (Beta Cygni) es una estrella doble que se puede distinguir con unos buenos prismáticos. Además, en esta constelación se puede encontrar la nebulosa de Norteamérica (NGC 7000), visible con prismáticos; asimismo está la nebulosa del Velo (NGC 6992), que forma parte de una nebulosa mayor y que parece ser los restos de la explosión de una supernova, y se ve simplemente con prismáticos. También se detectan en la constelación del Cisne la radiogalaxia Cygnus A, que parece formada por la colisión de dos galaxias, y el posible agujero negro Cygnus X-1, que se detecta como una de las fuentes de rayos X más importantes, acompañando a una supergigante azul.

DELPHINUS / DELFÍN

Constelación ya incluida en la lista de Ptolomeo. Las dos estrellas más brillantes que forman la constelación del Delfín llamadas Sualocin (Alfa Delphini) y Rotanev (Beta Delphini) en honor al astrónomo italiano que las formó en el siglo XIX; en realidad es el nombre en latín y al revés del científico Nicolaus Venator (Niccolo Cacciatore 1770-1841). Las cuatro estrellas, Alfa, Beta, Gamma y Delta Delphini, representan la figura de una caja que se conoce como Ataúd de Job.

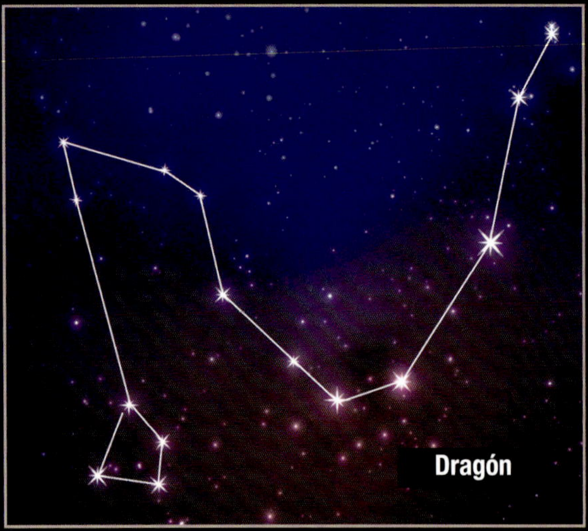

DRACO / DRAGÓN

La constelación del Dragón que rodea a la Osa Menor no tiene estrellas muy brillantes, pero son muy interesantes las estrellas dobles que la forman.

HERCULES / HÉRCULES

Hércules es una gran constelación septentrional que contiene el cúmulo de estrellas más brillante del norte, el M13, y algunas estrellas dobles muy luminosas. Estrellas principales son Rasalgethi (Alfa Herculis), gigante roja de brillo variable, y Rho Herculis doble óptica (sus dos componentes se pueden separar con un telescopio pequeño de gran aumento). El cúmulo M92, más tenue que el M13, tiene estrellas visibles con un telescopio medio.

LACERTA / LAGARTO

Pequeña constelación septentrional inventada por el astrónomo polaco J. Hevelius (1611-1687). Su estrella más brillante es Alfa Lacertae. Otro rasgo interesante es la BL Lacertae, núcleo de una galaxia elíptica distante, que se confundía con una estrella variable; aunque este no es visible para un aficionado.

LEO MINOR / LEÓN MENOR

Constelación inventada por el astrónomo polaco J. Hevelius, tiene pocos rasgos interesantes para los usuarios de pequeños instrumentos de observación; la estrella Beta Leonis Minoris es una doble muy junta, y para verla es necesario un telescopio de gran abertura.

LYNX / LINCE

Gran constelación septentrional. A simple vista solo se ve la estrella Alfa Lyncis; hay otras estrellas dobles que se ven con telescopios sencillos. También se halla aquí el cúmulo globular NGC 2419.

LYRA / LIRA

Esta constelación fabricada por astrónomos árabes contiene uno de los vértices del Triángulo de Verano, la estrella Vega (Alfa Lyrae), brillante y observable a simple vista. Otra estrella interesante es la Dobel Doble (Epsilon Lyrae), que es cuádruple; con prismáticos parece una pareja de estrellas, con un telescopio, cada una aparece dividida en dos. Esta constelación encierra la nebulosa Anular (M57), con forma de anillo.

PEGASUS / PEGASO

Gran constelación, su principal característica es el cuadro formado por Alfa, Beta y Gamma Pegasi, y por Alfa Andromedae, cuyo interior está bastante vacío. También se halla aquí el cúmulo globular M15, visible con unos prismáticos o un telescopio pequeño.

PERSEUS / PERSEO

En esta constelación se distinguen los cúmulos estelares NGC 869 y NGC 884 y la estrella binaria Algol (Beta Persei), prototipo de las estrellas dobles eclipsantes. Es visible a ojo, con prismáticos se observa esta rica constelación, ya que atraviesa la Vía Láctea. La estrella más brillante, Alfa Persei, es una supergigante blanco-amarillenta. El cúmulo abierto M34 es visible con prismáticos.

SAGITTA / FLECHA

La Flecha es una constelación pequeña sin rasgos destacables de interés, pero no quiero dejar de nombrarla en esta enumeración.

TRIANGULUM / TRIÁNGULO

Esta constelación era ya conocida por los antiguos. Como dato de interés cabe destacar la estrella Beta Triánguli, y la galaxia espiral M33, que es la tercera en magnitud del Grupo Local de Galaxias.

URSA MAJOR / OSA MAYOR

La Osa Mayor es la tercera constelación, por tamaño, del cielo. Un rasgo célebre es «El Gran Carro», uno de los dibujos más reconocidos, y está formado por las estrellas visibles a ojo: Alfa, Beta, Gamma, Delta, Epsilon, Zeta, y Eta Ursae Majoris; menos la primera y la última, las demás viajan en la misma dirección formando un cúmulo móvil. La estrella Mizar (Zeta Ursae Majoris) tiene una compañera, Alcor, que parece formar una binaria con ella, pero esta apreciación óptica no es realista. También se ven, en la región de esta constelación, las galaxias espirales M81 y M82; la primera se capta con un telescopio pequeño o con unos prismáticos, mientras que la M82 es más extraña, de hecho hay dudas de que se trate de una verdadera galaxia espiral. La M101 es una galaxia espiral visible de frente.

URSA MINOR / OSA MENOR

La Osa Menor contiene el polo norte celeste. Muy cerca del polo está la estrella polar o Polaris (Alfa Ursae Minoris), una supergigante blanca, la más brillante de la constelación. El Pequeño Carro está formado por las estrellas principales de la constelación. Las Kochab y Pherkab (Beta y Gamma Ursae) se conocen como los Guardianes del Polo.

VULPECULA / ZORRA

Constelación formada por el astrónomo Hevelius. Su estrella más brillante es Alfa Vulpeculae, y su rasgo más destacable es la nebulosa planetaria Dumbbell (M27), visible con prismáticos, aunque sus peculiaridades se observan mejor con telescopio; asimismo en esta formación se encuentra el cúmulo abierto «El Colgador» o Cúmulo de Brocchi, fácil de encontrar con prismáticos.

CONSTELACIONES DE LAS LATITUDES MEDIAS TERRESTRES

Muchas de las constelaciones (que normalmente se encuentran en los mapas celestes o en las tablas de constelaciones) se pueden observar tanto en el hemisferio norte como en el hemisferio sur, al menos parcialmente. Es decir, que no hay una separación nítida entre unas y otras en cuanto al hemisferio terrestre desde el que son visibles salvo en el caso, claro está, de las más septentrionales o las más meridionales, respectivamente, que se acercan mucho a los polos celestes y solo pueden mirarse desde sus respectivos hemisferios.

Sabemos que algunas constelaciones se hallan en zonas medias o ecuatoriales. Estas se describen en los párrafos siguientes; las únicas constelaciones que no nombramos aquí son las del Zodiaco .

AQUILA / ÁGUILA

La Vía Láctea atraviesa esta constelación del ecuador celeste. Observándola se pueden encontrar abundantes campos de estrellas, y su zona más brillante se conoce como Nube Estelar Scutum. Sus estrellas más importantes son Altair (Alfa Aquilae), que es uno de los vértices del Triángulo de Verano, ya reseñado junto con Deneb (en Cisne) y Vega (en Lira). También es digna de destacar la estrella Eta Aquilae, variable cefeida visible a simple vista.

CANIS MINOR / CAN MENOR

La constelación se identifica con el perro más pequeño del cazador Orión. En cuanto a sus estrellas, la más brillante es Proción (Alfa Canis Minoris); la menos brillantes es Sirio y, también como esta, tiene por compañera una enana blanca, Proción B; como la estrella B se halla muy cerca de la primera es necesario un gran telescopio para discernirlas.

CETUS / BALLENA

Esta constelación, que se extiende a ambos lados del ecuador celeste, tiene su origen en la imaginación del pueblo griego. Su estrella más brillante es Beta Ceti, pero la variable Mira (Omicron Ceti) es una gigante roja de gran belleza; la estrella Tau Ceti es muy parecida al Sol y se ve a simple vista. También hay que señalar la existencia de la galaxia espiral M77, que es posible observarla de frente con un telescopio medio.

EQUULEUS / CABALLITO

Esta pequeña constelación es una de las 48 que el astrónomo griego Ptolomeo (90- 168) describió. Su estrella más brillante es Alfa Equulei; también es interesante la doble óptica Gamma Equulei, discernible con prismáticos, y la estrella Epsilon Equulei, que también es doble.

MONOCEROS / UNICORNIO

Unicornio es una constelación que se extiende parcialmente por el hemisferio norte y parcialmente por el hemisferio sur; fue inventada en el siglo XVII. Sus estrellas más brillantes son Alfa Monocerotis y la Beta Monocerotis, que es una doble discernible con unos prismáticos. También tiene el cúmulo abierto M50. Sus estrellas más pequeñas pueden distinguirse con un telescopio pequeño. Asimismo esta constelación tiene otros cúmulos, el más interesante es el abierto NGC 2264 en el que se encuentra una especie de camino oscuro que se conoce como la Nebulosa del Cono.

ORION / ORIÓN

Orión es una constelación del ecuador celeste y es una de las más impresionantes, se ve desde la mayor parte de la Tierra. Entre sus estrellas brillantes, la más importante es Betelgeuse (Alfa Orionis), una supergigante roja de brillo variable; otra estrella destacable es Rigel (Beta Orionis), que es una gigante azul, así como El Trapecio (Theta Orionis), que es una estrella múltiple situada en el centro de la Nebulosa de Orión; esta constelación es importante también por la gran abundancia de estrellas brillantes que en ella se encuentran, por ello también cabe reseñar por su brillo la estrella Bellatrix (Gamma Orionis), situada en el hombro del cazador. Además en esta constelación se distingue perfectamente la imponente Nebulosa de Orión (M42), que es una interesante nube de gas, cuya compleja estructura se pone de manifiesto a medida que se afina la observación, que se efectúa con un telescopio más potente.
Otro objeto muy interesante del cielo de Orión es la Nebulosa de la Cabeza del Caballo. Aunque no es accesible para los aficionados, se trata de una nebulosa oscura con un aspecto que recuerda a la cabeza del caballo en los tableros de ajedrez.

SERPENS / SERPIENTE

Es una amplia formación en la que se integran dos constelaciones separadas que unidas constituyen una única estructura. Las principales estrellas que contiene son Unukalhai (Alfa Serpentis) y Delta Serpentis; esta segunda es binaria y sus dos componentes pueden distinguirse con un telescopio pequeño. También es interesante el cúmulo globular M5, que puede observarse con la ayuda de prismáticos, y el cúmulo abierto M16, que también se puede detectar con prismáticos, sus estrellas se introducen en la Nebulosa del Águila, que puede verse con un telescopio de gran abertura o en una fotografía de larga exposición.

SEXTANS / SEXTANTE

Es una constelación ecuatorial muy débil. Fue inventada por Hevelius; su estrella más brillante es Alfa Sextantis. También destaca en ella la galaxia del Huso (NGC 3115), que es una galaxia espiral de aspecto alargado, visible con un telescopio de tipo medio.

Constelaciones del hemisferio sur

Al igual que en el caso de las constelaciones del hemisferio norte, describiremos los rasgos más generales y distintivos de las constelaciones que se hallan en las regiones

CÚMULO ABIERTO

CÚMULO GLOBULAR

CÚMULO Y NEBULOSA

meridionales de la esfera celeste. Si bien es cierto que algunas de las más hermosas constelaciones están en el hemisferio sur, que es más rico en dichas formaciones estelares que el norte, solo son localizables desde regiones australes; sin embargo, otras, por estar próximas a la zona ecuatorial, pueden vistas en algunas zonas del hemisferio norte cercanas al ecuador.

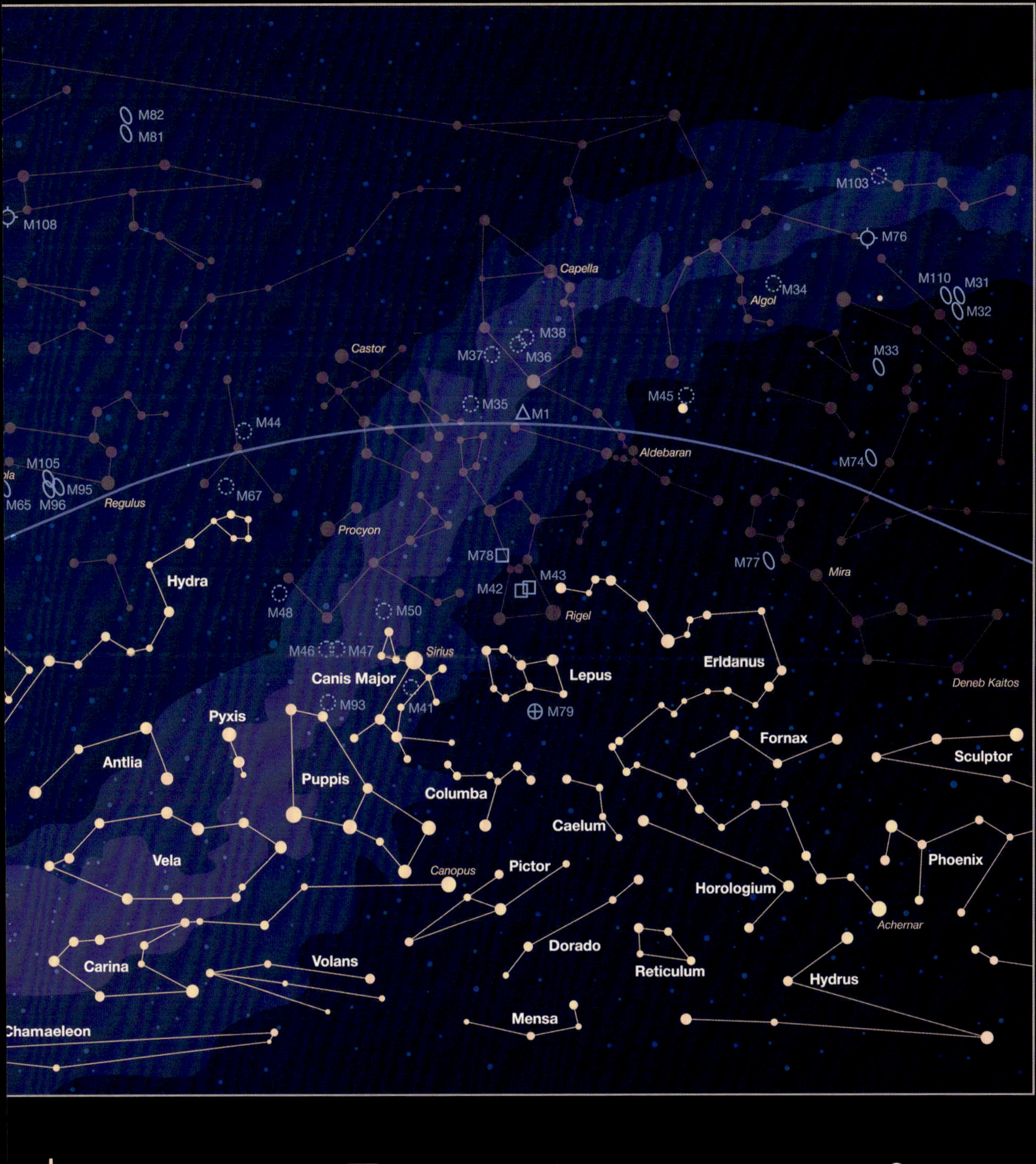

NEBULOSA PLANETARIA NEBULOSA REMANENTE DE SUPERNOVA GALAXIA

Cabe destacar que mientras que las constelaciones septentrionales están, casi en su totalidad, asociadas a la mitología griega, algunas constelaciones meridionales fueron formadas por navegantes europeos del siglo XVI, y por algunos astrónomos como Hevelius o Lacaille (1713-1762), que imaginaron constelaciones no de aires o ambientes mitológicos, sino con aspectos de instrumentos o útiles artísticos o científicos. A continuación se describen las constelaciones australes por orden alfabético en latín.

ANTLIA / BOMBA NEUMÁTICA

Tenue constelación meridional inventada en el siglo XVIII por el astrónomo Lacaille, quien creó numerosas constelaciones que representaban objetos científicos o artísticos; en este caso, una bomba neumática, aquí se verán algunas más. La estrella más brillante de esta constelación es Alfa Antliae; la estrella múltiple Zeta Antliae es una doble que se ve con prismáticos.

APUS / AVE DEL PARAÍSO

Esta constelación situada cerca del polo sur celeste no es fácil de identificar y no tiene muchos objetos de interés. Fue inventada en el siglo XVI por navegantes holandeses. Su estrella más brillante es Alfa Apodis; también destaca la estrella binaria Delta Apodis, formada por dos gigantes rojas, discernibles con prismáticos.

ARA / ALTAR

A pesar de estar situada bastante al sur del ecuador celeste, esta constelación era conocida por los antiguos griegos. Sus principales características son el cúmulo NGC 6193, que se observa con prismáticos, y el NGC 6397, que se ve mejor con un telescopio.

CAELUM / CINCEL

Cincel es una constelación pequeña, que se halla ubicada en una región poco visible del hemisferio sur. Fue ideada por el francés N. L. Lacaille (1713-1762), y su estrella más brillante es Alfa Caeli. Otra estrella interesante en el seno de esta «formación» es la doble Gamma Caeli, que solo es detectable con un telescopio de tipo medio.

CANIS MAJOR / CAN MAYOR

El Can Mayor es una constelación relevante, ya que contiene a la estrella más brillante que se puede ver a simple vista, Sirio o Sirius (Alfa Canis Majoris); es una estrella blanca que en las cercanías del horizonte emite destellos de color, ya que su luz se descompone por las corrientes de aire de la atmósfera de la Tierra. Sirio es una estrella doble, y la compañera que la orbita es conocida con el nombre de El Cachorro, Sirius B; esta segunda es una enana blanca que solo puede avistarse con la ayuda de un telescopio; estrella también muy brillante perteneciente a esta formación estelar es Adhara (Epsilon Canis Majoris). En esta constelación también se hallan el cúmulo abierto M41, visible a ojo y con unos prismáticos, y el cúmulo abierto y pequeño NGC2362, que para ser observado precisa la ayuda de un telescopio.

CARINA / QUILLA

La gran constelación de la Quilla se encuentra en la Vía Láctea y forma una zona brillante, que para los antiguos griegos era parte de la constelación Argo Navis; el timón de este barco está representado por la estrella supergigante blanca Canopus (Alfa Carinae); también la estrella variable Eta Carinae, visible con la ayuda de unos prismáticos; los cúmulos abiertos NGC 2516 y NGC 3114, visibles a simple vista; la nebulosa Eta Carinae (NGC 3372), que se observa bastante bien con prismáticos. También en esta constelación se halla un cúmulo llamativo y vistoso conocido como las Pléyades del Sur que tiene ocho estrellas muy brillantes.

CENTAURUS / CENTAURO

Está situada al sur de la Vía Láctea. Su estrella más brillante es Alfa Centauri, llamada Rigil Kentaurus, aunque parece una estrella simple si es vista a ojo, observada más minuciosamente con un telescopio pequeño aparece como una estrella doble formada por una amarilla y una anaranjada, cerca de ellas se encuentra una tercera estrella, una enana roja conocida como Proxima Centauri, que es mucho más tenue que las otras dos.

También se encuentran en esta constelación la estrella Hadar (Beta Centauri), gigante blanco azulada; el cúmulo globular NGC 5139 Omega Centauri, uno de los más brillantes del cielo; la nebulosa planetaria NGC 3918 llamada la planetaria azul, y que es visible con un microscopio; y la NGC 5128 Centaurus A, que parece una galaxia elíptica, si se observa a simple vista, pero que se revela más interesante en fotografías, y además es una fuente de radiondas digna de ser tenida en cuenta.

CHAMAELEON / CAMALEÓN

Esta constelación pequeña y tenue se halla situada cerca del polo sur celeste. Fue inventada en el siglo XVI por navegantes europeos. Sus rasgos distintivos más interesantes son la estrella doble Delta Chamaleonis, que se aprecia fácilmente con prismáticos, y la tenue nebulosa planetaria NGC 3195.

CIRCINUS / COMPÁS

La constelación del Compás la formó en el siglo XVIII el astrónomo francés ya citado N. L. Lacaille. Aunque es pequeña, no es difícil de encontrar porque se sitúa muy cerca de la Alfa Centauri. Como rasgos interesantes en esta constelación austral destaca la estrella doble Alfa Circini, visible con un telescopio pequeño.

COLUMBA / PALOMA

Esta constelación de la Paloma fue creada a finales del siglo XVI por un astrónomo holandés. En cuanto a su tamaño, es de tipo medio, y su estrella más brillante es Alfa Columbae. Otra estrella importante es Mu Culumbae, que es más tenue que la anterior, aunque también observable a simple vista y con prismáticos.

CORONA AUSTRALIS / CORONA DEL SUR

Su origen está en la mitología griega. Como estrella más importante destaca Gamma Corona Australis, binaria próxima, divisible con un telescopio medio. Asimismo es interesante el cúmulo globular NGC6541, que se puede avistar con prismáticos o con un telescopio pequeño.

CORVUS / CUERVO

Su estrella más brillante es Gamma Corvi, visible a ojo, y Delta Corvi, que es una estrella doble, además está la pareja de galaxias conocida como Las Antenas (NGC 4038 y 4039), que están en interacción y hace falta un telescopio medio para observarlas porque son pequeñas.

CRATER / COPA

El origen de esta constelación hay que establecerlo en la mitología griega y latina. No contiene objetos estelares de gran interés, y su estrella más brillante es Delta Crateris.

CRUX / CRUZ DEL SUR

Aunque en sus orígenes griegos esta constelación formaba parte de la constelación del Centauro, a la Cruz del Sur los navegantes europeos del siglo XVI le otorgaron entidad propia debido, por una parte, a que apunta al polo sur celeste y, por otra, a que se encuentra en una región muy brillante de la Vía Láctea. Su estrella más brillante es Acrux (Alfa Crucis), visible a ojo, pero que un telescopio pequeño permite separar en una pareja blanco azulada. Becrux (Beta Crucis) es la siguiente estrella visible de la constelación. También hay que destacar el cúmulo abierto llamado El Joyero, NGC 4755, así como la nebulosa oscura llamada el Saco de Carbón, que es una nube de gas y polvo visible a ojo.

DORADO / PEZ DORADO

El Pez Dorado es una constelación introducida por los navegantes holandeses del siglo XVI. En su seno se puede observar gran parte de la Nube de Magallanes, galaxia vecina. La estrella más brillante de esta imaginativa formación estelar es Alfa Dorado; también son importantes las estrellas Beta Dorado, que es del tipo variable cefeida, y la Nebulosa de la Tarántula NGC 2070, próxima a la Gran Nube de Magallanes, que es un lugar donde se forman estrellas.
Con la ayuda de un telescopio pequeño o unos prismáticos, en su interior se puede observar un cúmulo de estrellas. En la Gran Nube de Magallanes se produjo la supernova 1987 A (no observable por aficionados) cerca de la Nebulosa de la Tarántula.

ERIDANUS / ERIDANO

Eridano es una constelación alargada. Es la que abarca el más amplio número de declinaciones de norte a sur; de hecho en la mitología griega representa un río. Sus estrellas más brillantes son Archernar (Alfa Eridani), que es una estrella blanco azulada situada en el punto más meridional de la constelación; Epsilon Eridani que es una estrella avistable a ojo muy próxima al Sol; la doble Theta Eridani visible solo al microscopio, y el trío de estrellas conocido como Omicron-2 Eridani, que contiene una enana roja y una enana blanca juntas. Con un pequeño telescopio se observa perfectamente que la enana blanca forma una estrella binaria con una roja que la rodea.

FORNAX / HORNO

Su estrella más brillante es Alfa Fornacis, que en realidad es una formación estelar binaria que se puede discernir con un pequeño telescopio. También se puede ver en ella el cúmulo galáctico Fornax, que contiene galaxias espirales, una fuente de radio y una espiral barrada.

GRUS / GRULLA

Esta constelación austral fue introducida por navegantes europeos del siglo XVI. Su estrella más brillante es Al Nair (Alfa Gruis), aunque se pueden ver a simple vista otras: Beta Gruis, gigante roja; Delta Gruis, binaria discernible a simple vista, y Mu Gruis, que también es una formación doble de estrellas gigantes amarillas.

HOROLOGIUM / RELOJ

La constelación del Reloj también fue inventada por Lacaille; es decir, que responde a criterios prácticos y de belleza. Se encuentra situada entre las estrellas Archenar y Canopus, y su estrella más brillante es Alfa Horologii

HYDRA / HIDRA (GRAN SERPIENTE)

Hydra es la constelación mayor de toda la esfera celeste. Las seis estrellas del monstruo que dibujan la cabeza están al norte del ecuador celeste, mientras que el extremo se encuentra 90 grados más hacia el sur. Sus estrellas más brillantes son Alphard (Alfa Hydrae), que es una gigante anaranjada, y Epsilon Hydrae, que es una binaria que solo se puede discernir con la ayuda de un telescopio; asimismo, son interesantes el cúmulo abierto M48, que se puede observar bien con prismáticos; la galaxia espiral M83 cuyos brazos se distinguen perfectamente con un telescopio, y la nebulosa planetaria NGC 3242, llamada «el Espectro de Júpiter».

HYDRUS / PEQUEÑA SERPIENTE

En esta constelación se encuentra entre la estrella brillante Archenar y el polo sur celeste. Su estrella más brillante es Beta Hydri; asimismo, cabe citar el par de estrellas próximas, aunque no relacionadas entre sí, que se distinguen con prismáticos y se conocen como Pi Hydri.

INDUS / INDIO

Indio es una constelación introducida en el mapa celeste por navegantes holandeses de finales del siglo XVI. Sus estrellas más brillantes son Alfa Indi y Epsilon Indi, así como la doble Theta Indi. No se trata de una constelación especialmente interesante, pero servía para orientar a los marinos en el siglo XVI.

LEPUS / LIEBRE

Liebre es una constelación que se halla situada bajo la constelación de Orión y se formó en tiempos de los griegos, quienes la pusieron en el mapa celeste y la dieron a conocer al mundo. Su estrella más brillante es Alfa Leporis. También son interesantes la estrella doble Gamma Leporis, el cúmulo globular M79 y el cúmulo estelar NGC 2017 (estos dos últimos son visibles con la ayuda de un telescopio medio).

LUPUS / LOBO

Esta constelación está situada al sur de Libra. Su estrella más brillante es Alfa Lupi; otras estrellas son Kappa Lupi, que es una doble óptica visible al telescopio, y Mu Lupi, que es una estrella múltiple. Asimismo es destacable en esta constelación el cúmulo estelar abierto, catalogado con el nombre NGC 5822, visible con prismáticos.

MENSA / MESA

Se trata una vez más de una constelación inventada por Lacaille. Su aspecto es bastante tenue y por su tamaño resulta más bien pequeña. Observando la constelación Mesa se puede ver la Gran Nube de Magallanes y la pareja mayor de las Nubes de Magallanes; su estrella más brillante es la amarilla Alfa Mensae.

MICROSCOPIUM / MICROSCOPIO

En esta ocasión se trata de una pequeña constelación. Sus estrellas más brillantes son la gigante Alfa Microscopii, Gamma Microscopii y Epsilon Microscopii. La mayor parte de estas pequeñas constelaciones servían para orientar a los navegantes gracias a la observación del cielo.

MUSCA / MOSCA

Aquí de nuevo nos encontramos con una de las constelaciones del hemisferio sur inventada por los navegantes europeos del siglo XVI. Sus estrellas más interesantes son Alfa Muscae y las binarias visibles al microscopio Beta Muscae y Theta Muscae. No tienen mayor interés que el histórico, aparte de permitir la localización de estrellas brillantes.

NORMA / NIVEL

Este es otro ejemplo de las constelaciones que nos legó la observación de Lacaille. Sus estrellas más brillantes son Gamma Normae, que es una binaria discernible a ojo, y Epsilon Normae, que es una estrella doble.

OCTANS / OCTANTE

Lacaille, nuestro gran especialista constructor de constelaciones para la navegación en el hemisferio sur, fue el introductor de esta constelación que contiene al polo sur celeste. Sus estrellas más brillantes son Sigma Octantis, que es visible a simple vista y es la más cercana al polo; Lambda Octantis, que es una estrella doble visible al microscopio, y la gigante anaranjada Un Octantis.

OPHIUCHUS / OFIUCO

La gran constelación de Ofiuco se extiende desde Hércules en el norte hasta Scorpio en el sur. Contiene varios cúmulos globulares, y su estrella más brillante es Rasalhague (Alfa Ophiuchi). También hay que destacar la estrella Rho Ophiuchi, que es una estrella múltiple; la estrella de Barnard, bastante próxima y enana fría de color rojo tenue, así como dos cúmulos globulares, M10 y M12, visibles con prismáticos o con un pequeño telescopio.

PAVO / PAVO REAL

Es invención de navegantes europeos del siglo XVI. Su estrella más brillante se conoce como Pavo Real (Alfa Pavonis); también son interesantes la variable cefeida Kappa Pavonis, avistable a ojo, y el cúmulo globular NGC 6752, que se ve también a simple vista.

PHOENIX / FÉNIX

Hallamos la constelación del Fénix situada junto a la estrella Archenar al sur de Eridano. Fue elaborada por navegantes holandeses del siglo XVI. Su estrella más brillante es Alfa Phoenicis, y también son interesantes la estrella doble Beta Phoenicis, visible con telescopio, y la Zeta Phoenicis, también variable y doble (del mismo tipo que Algol) que puede verse con un telescopio pequeño.

PICTOR / CABALLETE DEL PINTOR

Esta constelación inventada por Lacaille se halla situada cerca de la Gran Nube de Magallanes, y su estrella más brillante es Alfa Pictoris. Otro rasgo interesante es la estrella Beta Pictoris, que los aficionados no pueden observar, y está rodeada de un disco de polvo que parece ser un sistema planetario en ciernes.

PISCIS AUSTRINUS / PEZ DEL SUR

El Pez del Sur es una constelación meridional cuya descripción se remonta a los orígenes griegos de las constelaciones antiguas. Su estrella más brillante es Fomalhaut (Alfa Piscis Austrini), gigante blanco azulada. También son interesantes las estrellas Beta Piscis Austrini y Gamma Piscis Austrini que se divisan con un telescopio.

PUPPIS / POPA

La constelación de Popa es muy rica en estrellas. Se debe a la imaginación de los astrónomos griegos; en realidad en su origen era parte de otra constelación mucho mayor, llamada Argo Navis (el barco de los argonautas), hermoso nombre donde los haya, pero que fue dividida por Lacaille en tres constelaciones: Popa, Quilla y Vela. Sus estrellas principales son Naos (Zeta Puppis), los cúmulos abiertos M46 y M47, visibles a simple vista, y los cúmulos abiertos NGC 2451 y NGC 2477.

PYXIS / BRÚJULA

Esta constelación del sur también fue inventada por el astrónomo Lacaille. Tiene como rasgo de interés la estrella nova Tau Pyxidis.

RETICULUM / RETÍCULA

Esta constelación que se halla cerca de la Gran Nube de Magallanes y no es una formación estelar de gran tamaño. Sin embargo, contiene estrellas señaladas y conocidas, como su estrella más brillante, que es Alfa Reticuli, y la doble Zeta Reticuli.

SCULPTOR / ESCULTOR

Escultor es una constelación tenue, fue también inventada por Lacaille. Su estrella más brillante se llama Alfa Sculptoris. Contiene el polo sur de nuestra galaxia y es una región donde son visibles numerosas galaxias tenues y distantes. La estrella doble Epsilon Sculptoris se distingue con un telescopio; además, Escultor también contiene las galaxias espirales NGC 55 y NGC 253 que pueden observarse con la ayuda de un telescopio.

SCUTUM / ESCUDO

La pequeña constelación del Escudo, que se extiende al sur del ecuador celeste, fue inventada por Hevelius. Su estrella más brillante es Alfa Scuti. También es interesante la gigante Delta Scuti, que es una estrella variable; asimismo es destacable el cúmulo abierto de los Patos Salvajes, formado por cientos de estrellas, que es visible con prismáticos y con un telescopio.

TELESCOPIUM / TELESCOPIO

Se trata de una pequeña constelación meridional, cuya estrella más brillante es Alfa Telescopii. También hay que considerar la estrella doble óptica Delta Telescopii, que se observa bien con unos prismáticos.

TRIANGULUM AUSTRALE / TRIÁNGULO AUSTRAL

La pequeña constelación del Triángulo Austral también fue introducida en el siglo XVI por navegantes holandeses. Su estrella más brillante es Alfa Trianguli Australis. Otro aspecto interesantes que se detecta en ella es el cúmulo abierto NGC 6925, que se puede observar fácilmente.

TUCANA / TUCÁN

La constelación de Tucán también fue inventada por navegantes holandeses. Su estrella más brillante es Alfa Tucanae, y son interesantes la estrella múltiple Beta Tucanae y el cúmulo globular NGC 104. Pero el objeto más destacable que contiene es la Pequeña Nube de Magallanes, que, como ya sabemos, es la menor de las dos galaxias vecinas más próximas a la Vía Láctea en el Grupo Local de Galaxias.

VELA / VELA

La constelación de la Vela es un fragmento de la gran constelación griega Argo Navis (que también contiene a la Quilla, la Popa y la Brújula). Su estrella más brillante es Gamma Velorum, que es un astro que mediante la ayuda de un telescopio pequeño se ve como doble. También son interesantes el cúmulo abierto NGC 2547, visible con prismáticos o con un telescopio pequeño, y la nebulosa planetaria NGC 3132, que con un telescopio medio se puede detectar. El cúmulo abierto IC2391 visible a ojo es otra peculiaridad interesante de esta constelación.

VOLANS / PEZ VOLADOR

Nos enfrentamos con el Pez Volador de nuevo a una débil constelación del sur, invención de los navegantes europeos del siglo XVI. Sus estrellas principales son las binarias Gamma Volantis y Epsilon Volantis y se distingue la galaxia AM 0644-741.

Constelaciones del Zodiaco

Las 12 constelaciones situadas en la región que «atraviesa el Sol en un año» constituyen un grupo de constelaciones conocido por la mayoría de las personas. La trayectoria que

CÚMULO ABIERTO CÚMULO GLOBULAR CÚMULO Y NEBULOSA

recorre la Tierra alrededor del Sol en un año se denomina eclíptica. Sin embargo, hay que recordar que para nuestros sentidos estamos tratando con el movimiento «aparente» del Sol.

Dichas constelaciones forman el cinturón que se conoce con el nombre de Zodiaco; todas llevan asociadas a ellas un relato mitológico que escapa del estudio de la Astronomía.

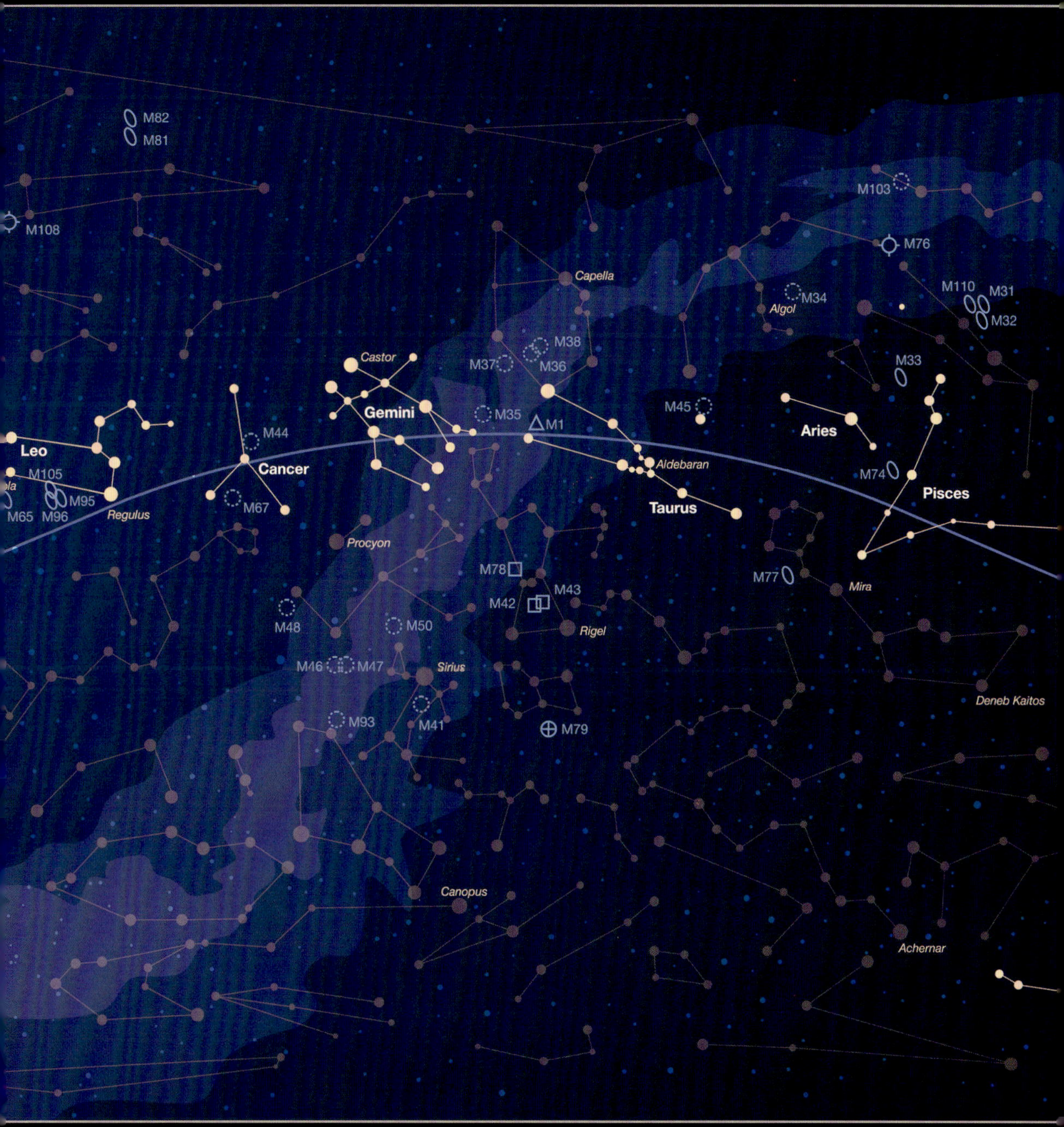

NEBULOSA PLANETARIA NEBULOSA REMANENTE DE SUPERNOVA GALAXIA

Las constelaciones del Zodiaco que corresponden al hemisferio norte son: Aries, Cáncer, Géminis, Leo, Piscis y Tauro. Las constelaciones zodiacales del hemisferio sur son: Capricornio, Libra, Sagitario, Scorpio (Escorpio). Las constelaciones del Zodiaco que se podrían considerar de latitudes ecuatoriales son: Acuario y Virgo.

Veamos a continuación una breve descripción de las primeras constelaciones que se nombran y se empiezan a contabilizar durante la primavera en el hemisferio norte. Normalmente cuando hablamos para los habitantes de estas latitudes pensamos en las estaciones del año según el hemisferio norte (para los habitantes del hemisferio sur se trata del otoño). De hecho corresponden tres constelaciones aproximadamente a cada estación del año.

- Constelaciones correspondientes a la primavera del hemisferio norte son Aries, Tauro y Géminis.
- Constelaciones que corresponden al verano astronómico del hemisferio norte son Cáncer, Leo y Virgo.
- Constelaciones correspondientes al otoño del hemisferio norte son Libra, Escorpio y Sagitario.
- Constelaciones que corresponden al invierno de las latitudes situadas en el hemisferio norte son Capricornio, Acuario y Piscis.

ARIES / CARNERO

Esta constelación se representa por un carnero, y por ella el Sol «transcurre» aproximadamente entre el 18 de abril y el 14 de mayo. Las tres principales estrellas que contiene se conocen con los nombres de Alfa, Beta y Gamma Arietis (esta última es una estrella doble).

TAURUS / TAURO

Simboliza un toro, y es una constelación impresionante por su tamaño y belleza que es «atravesada» por el Sol aproximadamente entre el 14 de mayo y el 21 de junio. Contiene dos importantes cúmulos de estrellas, Las Pléyades y las Híadas; las segundas dibujan la cara del toro, en el ojo del cual está la gigante roja llamada Aldebarán (Alfa Tauri), que se ve a simple vista; otras dos estrellas interesantes son Teta Tauri y Beta Tauri, que forman los extremos de las astas del toro. Mirando Tauro se puede observar también la interesante Nebulosa del Cangrejo, resto de una explosión supernova.

GEMINI / GEMELOS

Es una representación estelar de un par de personas, los gemelos. Es el nombre de la constelación por la que el Sol «viaja» aproximadamente entre el 21 de junio y el 20 de julio. Las dos estrellas principales reciben popularmente el nombre de los gemelos Cástor y Pólux. La primera (Alfa Geminorum) es visible a simple vista, pero si se observa con la ayuda de un telescopio se

distingue que se trata de una estrella binaria; y la segunda, la gigante anaranjada Pólux (Beta Geminorum), es la más brillante de la constelación, por lo que se ve a simple vista y con prismáticos. También es interesante la observación con un telescopio de la nebulosa planetaria NGC 2392, llamada nebulosa de la Cara de payaso o nebulosa del Esquimal por su apariencia, que recuerda un rostro con capucha de piel.

CANCER / CANGREJO

Esta constelación tiene forma (aplicando la habitual imaginación que siempre hay que poner en este tema) de un cangrejo. El Sol «pasa» por Cáncer hacia el 20 de julio y hasta el 10 de agosto. Es la constelación más tenue del Zodiaco, y su estrella más brillante es Beta Cancri. En esta constelación hay dos cúmulos de estrellas, el del Pesebre (o la Colmena) y el M67, ambos visibles con prismáticos.

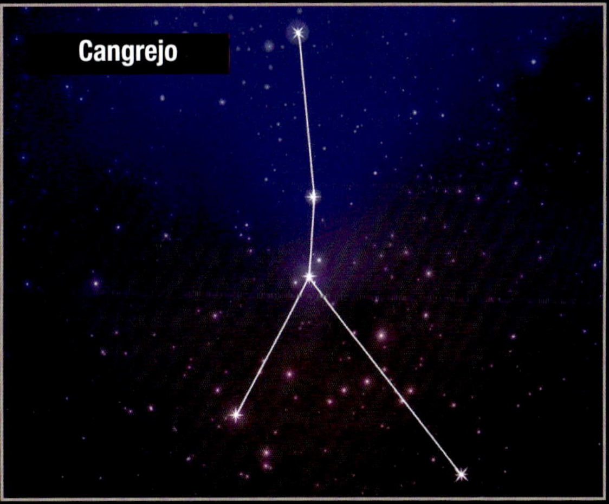

LEO / LEÓN

En la constelación del león, el Sol «pasea» por ella desde el 10 de agosto hasta el 16 de septiembre. Sus principales estrellas se llaman Regulus (Alfa Leonis) y Algieba (Gamma Leonis); la segunda Algieba es binaria y un pequeño telescopio permite distinguir sus dos componentes. La formación conocida como la Hoz, compuesta por seis estrellas, es reconocible a simple vista. También en esta constelación se pueden ver dos pares de galaxias espirales interesantes con ayuda de un telescopio (aunque están a unos 35 milones de años luz).

VIRGO / VIRGEN

La virgen es la constelación de mayor tamaño del Zodiaco, se halla en el ecuador celeste y el Sol pasa por ella entre el 16 de septiembre y el 31 de octubre. Su estrella más brillante (Alfa Virginis) se llama comúnmente Spica, la Espiga; también son muy interesantes en esta constelación la estrella binaria Gamma Virginis, así como la galaxia elíptica M87 y la galaxia espiral llamada del Sombrero o M104.

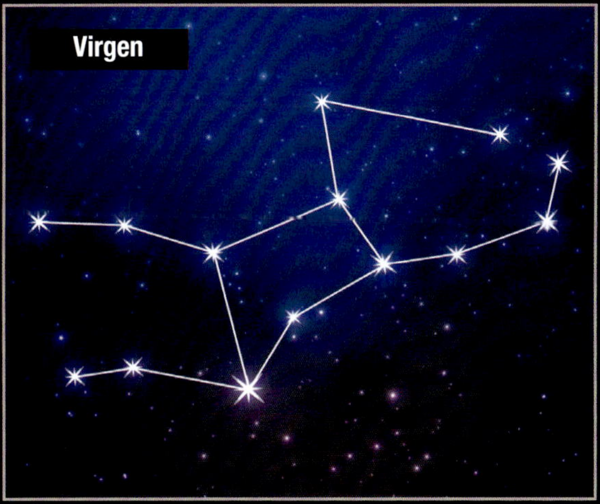

UN SIGNO MÁS: OPHIUCHUS / OFIUCO

Desde 2011 hay un nuevo signo del Zodiaco en la astrología sideral. Se llama Ofiuco («El cazador de serpientes»), cuya existencia es conocida desde la Antigüedad, aunque nunca había sido aceptado como signo zodiacal. Recordemos que el Zodiaco y el horóscopo son distintos: el primero sigue el esquema de las constelaciones siderales y está formado por 13 miembros, mientras que el segundo lo forman los

12 signos que todos conocemos. ¿Por qué no se usó Ofiuco para el horóscopo? Hay varias teorías; una de ellas aboga por la idea de que el número 13 trae mala suerte. Sea como fuere, para aquellos que no creen en dicha mala suerte y hayan nacido entre el 30 de noviembre y el 18 de diciembre, ya saben que su signo zodiacal es Ofiuco… O pueden seguir con el calendario del Zodiaco tradicional.

LIBRA / BALANZA

Libra, que suele aparecer dibujada como una balanza, es una constelación situada al sur del ecuador celeste. Resulta «atravesada» por el Sol entre el 31 de octubre y el 23 de noviembre. La Pinza del Norte y la Pinza del Sur son sus estrellas más brillantes. Zubenelegenubi o la Pinza del Sur (Alfa Librae) es una estrella doble cuyos dos componentes pueden discernirse a simple vista o con unos prismáticos, y Zubeneschemali o la Pinza del Norte (Beta Librae) es la más brillante de la constelación y se ve con unos prismáticos.

SCORPIUS / ESCORPIÓN

La constelación del escorpión se forma como una figura similar a la de este animal, y se halla situada en una región densa de la Vía Láctea. El Sol «recorre» esta constelación desde el 23 de noviembre hasta el 18 de diciembre. Sus principales estrellas son Antares (Alfa Scorpii), que es una gigante roja observable a simple vista o con prismáticos y la estrella doble Beta Scorpii, cuyos componentes pueden verse fácilmente con un telescopio pequeño. Una estrella de gran brillo de esta formación es Shaula (Lambda Scorpii). Además, en esta constelación se pueden observar algunos cúmulos de estrellas interesantes.

SAGITTARIUS / SAGITARIO

Sagitario, dibujada como un centauro (animal mitológico mitad caballo, mitad hombre) disparando una flecha con su arco, es una constelación que se encuentra situada en la misma dirección que el centro de la Vía Láctea. El Sol «pasa» por Sagitario desde el 18 de diciembre hasta el 19 de enero, y en este tránsito tiene lugar el solsticio de invierno, en el hemisferio norte, y además es el momento en que la Tierra y el Sol están más próximos. La estrella más brillante de esta constelación es Epsilón Sagittarii. Otros datos importantes a tener en cuenta en esta constelación son las nebulosas que se

pueden observar dirigiendo el telescopio hacia la misma; entre ellas, cabe destacar la Trífida (M20), que tiene una estrella doble en su centro; la nebulosa de la Laguna (M8), que se ve a simple vista, y la nebulosa Omega (M17) que, aunque se puede observar con prismáticos, es mejor contemplarla con un telescopio para distinguirla mejor. Además, en esta constelación, hay cúmulos de estrellas bastante importantes.

CAPRICORNUS / CAPRICORNIO

Capricornio es una cabra. La constelación más pequeña del Zodiaco es «recorrida» por el Sol desde el 19 de enero hasta el 16 de febrero. Su estrella más importante (Alfa Capricorni) es doble, Algedi y Giedi, y se puede ver a simple vista, aunque los prismáticos permiten distinguirlas mucho mejor.

AQUARIUS / ACUARIO

Acuario, cuya representación hace alusión al agua, es la constelación del Zodiaco por la que el Sol se «pasea» desde el 16 de febrero hasta el 11 de marzo. Su estrella más importante (Zeta Aquarii) es doble y solo es observable con telescopio. También mirando esta constelación se puede llegar a distinguir la nebulosa Helicoidal (NGC 7293), que es la nebulosa planetaria más próxima a la Tierra, que con cielos limpios y oscuros se avista con la ayuda de unos prismáticos, y la nebulosa de Saturno, NGC 7009, que también es una nebulosa planetaria, y que solo es visible a través del telescopio.

PISCES / PECES

Representada por dos peces, esta constelación está «atravesada» por el Sol desde el 12 de marzo hasta el 18 de abril y en ella se tiene lugar el equinoccio de marzo (corresponde al inicio de la primavera en el hemisferio norte). Sus estrellas más notables son la binaria Alfa Piscium, que solo es discernible con un telescopio mediano, ya que las dos estrellas están muy juntas, y el Pequeño Círculo, que es una especie de anillo formado por siete estrellas que se pueden avistar a ojo. En esta constelación también se encuentra la galaxia espiral M74, que solo es visible con un telescopio.

Instrumentos de observación

La concepción del Universo ha ido cambiando y desarrollándose a medida que va aumentando el conocimiento sobre el mismo. Este crecimiento del conocimiento se basa principalmente en la observación y también en el razonamiento lógico y los conocimientos teóricos que se han ido acumulando en el transcurso del tiempo.

Los objetos que se ven en el cielo están muy alejados y es difícil con el poder de resolución de nuestro ojo detectar algo más que un conjunto de puntos más o menos brillantes, o ver el disco plano del Sol (al que no hay que mirar) y la Luna llena, o su fases.

Como vocabulario técnico básico, se habla de «aumentos» cuando nos referimos a la capacidad que tienen los instrumentos ópticos de incrementar el tamaño del objeto que enfocan, con lo cual objetos tenues a simple vista se pueden observar mejor con estos dispositivos; otro término usual es el concepto de «abertura», que es el diámetro de la lente o el espejo que recoge la luz.

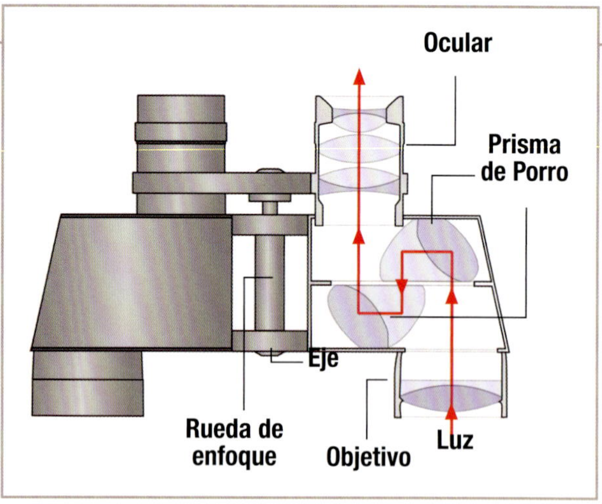

Ilustración que recrea la anatomía de unos prismáticos.

LOS PRISMÁTICOS

Los prismáticos son instrumentos pequeños y manejables que captan más luz que el ojo humano, lo que permite que se detecten objetos mucho más tenues que los que se observan a simple vista. Con estos dispositivos también se pueden ver muchas más estrellas que a ojo desnudo y su amplio campo visual hace que sean muy útiles para mirar cuerpos que se presentan a la vista como grandes superficies, por ejemplo, satélites o planetas; asimismo también permiten una buena observación de cometas. Como breve descripción sobre su funcionamiento, los prismáticos están formados por dos anteojos (uno para cada ojo) unidos por un tornillo, que permite enfocar el

mismo objeto con ambos elementos y al mismo tiempo posibilita la independencia de los dos ojos. En un prismático cada anteojo está construido con dos lentes: una cóncava, el ocular, y otra convexa, el objetivo, para evitar que la imagen se vea invertida. Asimismo cada unidad está provista con un par de prismas que sirven para corregir el recorrido de la luz, y de paso posibilitan que el instrumento sea de menor tamaño y por tanto fácilmente transportable.

Los prismáticos pueden tener hasta 50 mm de abertura y 10 aumentos; si se incrementa el número de aumentos, los objetos se ven mayores, pero en ese caso es muy difícil sujetar el prismático con firmeza para ver con claridad.

La experiencia demuestra que para observar con mayor nitidez las galaxias, las estrellas, los cometas y las nebulosas es necesario lograr el máximo de luz posible y ello se consigue con prismáticos de 50 mm de abertura y siete aumentos de diámetro. Pero para observar cuerpos con mayores superficies, como la Luna, Júpiter y otros planetas es necesario un prismático mucho más pesado y, por tanto, menos manejable.

CONSEJOS DE OBSERVACIÓN

Las constelaciones pueden ser el punto de referencia para un observador aficionado sin mucga experiencia, por eso el conocimiento de alguna de las más estratégicamente situadas es interesante, como analizamos a continuación.

MAPAS O CARTAS ESTELARES

Es aconsejable conocer la forma y la posición de las constelaciones para localizar la estrella más brillante y la más débil. Es por tanto útil familiarizarse con el uso de las cartas estelares; aunque en el primer momento parezcan algo complicadas, es cómodo acostumbrarse a su manejo, como lo es utilizar planos o mapas para orientarse en la superficie terrestre. Algunos de los principales tipos de mapas (cartas estelares) son los siguientes:

1) **Estacionales semicirculares**

Sirven para una fecha y horas determinadas. Están formados por dos partes: la primera representa la vista que se descubre mirando hacia el sur y la segunda es lo que se ve al mirar hacia el norte. En el eje norte-sur, se pueden encontrar todos los objetos bastante bien, pero en el eje este-oeste es necesario unir los mapas por el lado curvo y algunas constelaciones aparecen divididas en dos partes.

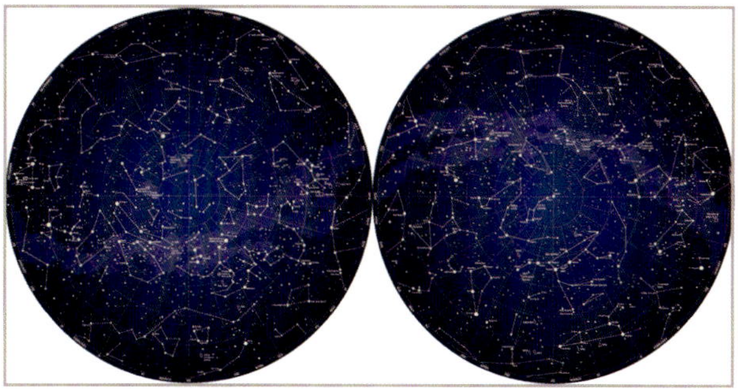

2) **Circumpolares**

Este tipo de mapas se usa para todos los lugares de igual latitud. Se suelen conocer como los «mapas de las constelaciones que no se ponen nunca». Son circulares, y en ellos la estrella polar ocupa siempre el centro y la circunferencia exterior marca el horizonte. Aunque no es completo, en general este modelo de mapa siempre es útil cuando se usa en dirección norte.

3) **Zona ecuatorial celeste**

Este tipo de mapas rectangulares presenta forma de franja larga o tiene dos partes ajustables. En longitud este mapa abarca 360º, en altura (o a lo ancho), abarca 30º a cada lado del ecuador celeste, y comprende la zona zodiacal por donde se mueven los planetas. La principal ventaja que ofrece es que se pueden encontrar con facilidad los planetas; sin embargo, las constelaciones zodiacales de Escorpio y Sagitario aparecen cortadas hacia el sur y las de Géminis y Tauro hacia el norte.

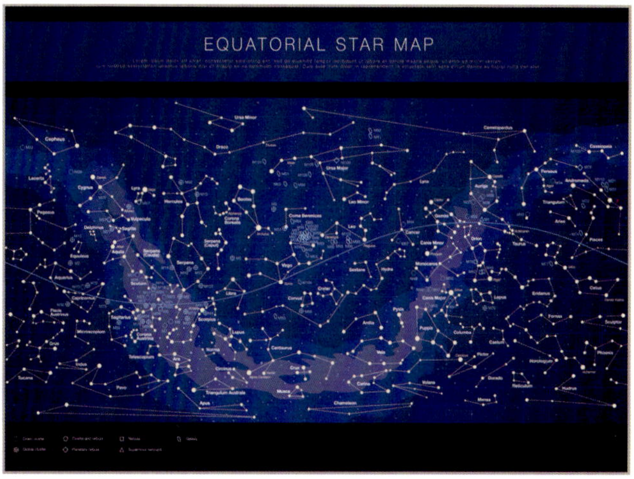

GENERALIDADES SOBRE LA OBSERVACIÓN CON TELESCOPIO

Para empezar a usar un telescopio es mejor elegir uno pequeño, con buena resolución, porque que si se escoge uno de mayor tamaño pero que trabaje de manera más aproximativa, es más difícil trabajar. Con el primer instrumento se podrán efectuar observaciones de mejor calidad y, en consecuencia, más precisas.

También es importante aprender a «mirar» a través del telescopio y para ello solo hay que seguir algunas recomendaciones bastantes sencillas.

Una de las más útiles, la conocida como «visión oblicua» consiste en evitar que la imagen del objeto más tenue caiga directamente sobre la parte más sensible de la retina, que es la de menor resolución. La experiencia demuestra que el ángulo ideal que debe formar la retina con un objeto débil para observarlo bien y en buenas condiciones es aproximadamente de 15º. De este modo, se logran avistar objetos que de otra manera sería imposible. A medida que se va adquiriendo experiencia se aprenden pequeñas habilidades, como girar el objeto débil alrededor de la retina.

Así, donde en los comienzos, cuando se apunta hacia el cielo solo se ven los objetos más brillantes (como estrellas de primera magnitud), con la experiencia se empiezan a ver todos los objetos que las rodean: las nubes de polvo estelar, las estrellas débiles, etc.

Representación antigua de un «telescopio holandés» de «Emblemata de Zinne-Werck» (Middelburg, 1624) del poeta y estadista Johan de Brune (1588-1658).

CÓMO SON LOS TELESCOPIOS

Los telescopios tienen más aumentos y mayor abertura que los prismáticos y ofrecen imágenes invertidas; aunque la abertura de los telescopios es fija, el aumento puede modificarse cambiando la lente ocular. Para los aficionados a la astronomía un buen telescopio tiene una abertura pequeña o media (entre 100 y 250 mm). En un telescopio es esencial la montura (o elemento de sustentación) porque debe permitir que el telescopio se mueva en dos direcciones para poder observar toda la bóveda celeste. Los dos tipos principales de montura son:

- **Ecuatorial o polar.** Esta montura consta de un eje que le permite la variación en declinación y otro eje paralelo a la línea de los polos.
- **Alto-azimutal.** En esta montura uno de los ejes permite la variación en altitud y el otro es paralelo a la vertical del lugar.

Para los astrónomos aficionados resultan más prácticas las monturas ecuatoriales porque permiten seguir fácilmente el curso de un astro una vez localizado, ya que el telescopio y la Tierra tienen el mismo eje de rotación. Las monturas alto-azimutales permiten una construcción más sólida de grandes telescopios, que a su vez son controlados por potentes ordenadores, por eso la mayor parte de los telescopios actuales en funcionamiento emplean este tipo de montura.

INFLUENCIA DE LA ATMÓSFERA EN LOS TELESCOPIOS

Tanto los telescopios de uso científico como de los aficionados se sitúan sobre la superficie terrestre. Por esta razón sufren los efectos distorsionadores de la atmósfera terrestre que modifican el tamaño aparente de un astro; por eso siempre hay que tener cuidado con la idea que nos hacemos de los objetos astronómicos, aunque esto no es muy significativo para una persona aficionada que busca deleitarse; para estudios científicos de precisión es necesario efectuar las correcciones oportunas en todas las observaciones. En ese sentido, los astrónomos profesionales utilizan otros telescopios y otros instrumentos de observación.

DESARROLLO DE LOS TELESCOPIOS

Los primeros telescopios se construyeron en los Países Bajos en los primeros años del siglo XVII, aunque la finalidad inicial no era observar el cielo, sino objetos lejanos en general y a los enemigos en particular. Algunos científicos, como Galileo y Kepler, emplearon telescopios adaptados para observar y estudiar los objetos celestes. Estos primeros instrumentos constaban de dos lentes; la primera, el objetivo, servía para captar y focalizar la máxima luz posible, y la segunda lente, el ocular, colocada oportunamente con respecto a la primera, producía un aumento de la imagen.

Para mirar directamente, el ojo se colocaba detrás de la lente ocular. Estos primeros instrumentos operaban por refracción de la luz, que es debido a que a través de ellos la luz se transmite y se refracta en las lentes, dependiendo de las distintas longitudes de onda.

En la última mitad del siglo XVII se fabricaron los primeros reflectores. En ellos el objetivo, en lugar de ser una lente, era un espejo cóncavo, que focalizaba la luz. Con un telescopio de reflexión, un científico muy presente en estas páginas, William Herschel (1738-1822), descubrió el planeta Urano, y a partir de entonces los telescopios con este tipo de estructuras se popularizaron.

En la actualidad, los grandes telescopios ópticos son de reflexión (los de refracción no se pueden construir por sus grandes dimensiones). El mayor telescopio del mundo es reflector, el Keck, y tiene 10 m de diámetro.

Pintura imaginativa que muestra a Galileo Galilei enseñando su telescopio a Leonardo Donato.

Ilustración de la edición de 1797 de la «Enciclopedia Británica», Volumen 18, de William Herschel, con un telescopio reflector de 120 cm, que fue construido entre 1785 y 1789 en el Observatorio de la Casa en Slough, en Inglaterra, y fue el más grande del mundo durante 50 años. Fue desmantelado en 1840.

Observatorio Keck en Mauna Kea, a 14.000 pies, en la gran isla de Hawái durante el atardecer.

INSTRUMENTOS PARA ESTUDIAR EL CIELO

El ser humano para tratar de «aproximar» a su vista los objetos del espacio; se las ha ingeniado para ir construyendo herramientas que le permiten obtener cada vez ver con mayor precisión los objetos estelares y tener más información acerca del Universo, como ya hemos señalado en páginas anteriores. Queremos subrayar que sin estos instrumentos casi no podríamos hacer nada.
El estudio de los objetos que pueblan el cielo mejoró mucho en el siglo XIX con el avance en los conocimientos de la naturaleza de la luz. El conocimiento de la luz es fundamental para comprender la naturaleza de los cuerpos que pueblan el cielo.
Anteriormente se tenía conocimiento de la astronomía como de un mecanismo perfecto, «el cielo funciona como un reloj» que diría Pierre Simon Laplace (1749-1827). Sin embargo, la luz nos dio una nueva y poderosa herramienta de estudio del cielo.

EL ESPECTRÓMETRO

El estudio de los objetos celestes que un astrónomo puede realizar con la ayuda de un telescopio se potencia enormemente si se complementa la información que aporta este instrumento con un espectrómetro,

Gran Telescopio de Canarias (GTC) al atardecer en el observatorio de ORM, en Roque de los Muchachos, en La Palma, Canarias, España, 11 julio 2012.

dispositivo de investigación muy empleado en muchos trabajos, entre los cuales el principal es estudiar la estructura de los átomos.
El espectrómetro sirve para separar la luz de las diferentes longitudes de onda (colores); la banda de colores que resulta es un espectro y cada una de las líneas que lo determinan proporciona una importante información sobre la historia de una estrella (por ejemplo), también datos estructurales, temperatura, composición de la materia que contiene, los campos magnéticos y además gran información sobre el movimiento de estos astros.

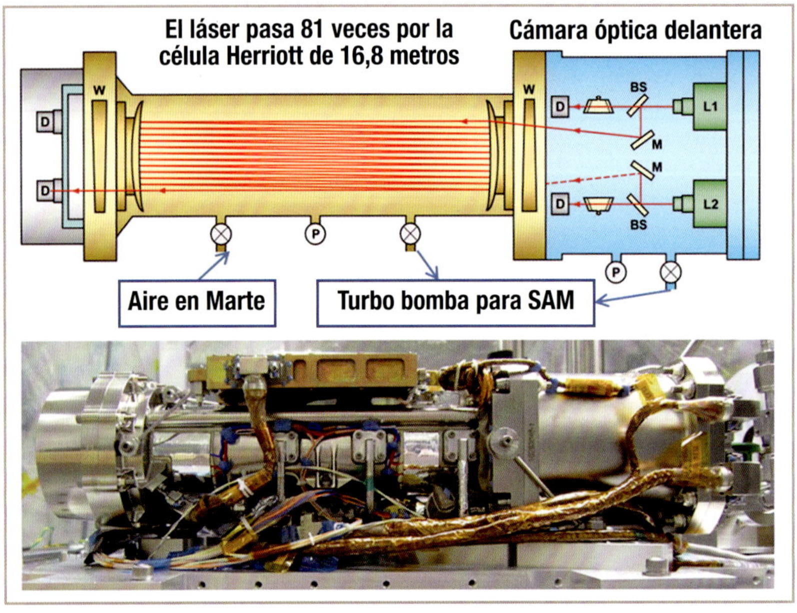

Este gráfico muestra las características del Láser Sintonizable Espectrómetro (TLS), uno de los instrumentos dentro de la suite de laboratorio llamado Análisis de las muestras en Marte (SAM) a bordo del rover Curiosity a Marte de la NASA.

TIPOS DE TELESCOPIOS

Los telescopios son los dispositivos ópticos idóneos para observar los objetos más lejanos. Algunos son muy elementales, pero los usados en investigaciones astronómicas son herramientas verdaderamente sofisticadas y complejas.
Los telescopios se clasifican, según el modo en que tratan la luz, o según la disposición de los dispositivos ópticos (lentes, espejos...) que utilizan, en tres tipos principales: reflexión, Cassegrain y refracción.

TELESCOPIOS REFLECTORES

La idea en la que se basa la construcción de los telescopios de reflexión ya la utilizó el gran astrónomo y músico William Herschel

Telescopio reflector construido en la década de 1950, Países Bajos. En 1991 fue re-equipado con un CCD y un adaptador de Cassegrain con dos ruedas de filtros y un autoguiado. En 2006, fue donado a Alain Maury, que lo trasladó al lado de San Pedro de Atacama, donde se utiliza para la búsqueda de asteroides.

(1738-1822), que fue la primera persona que construyó un telescopio de reflexión grande. En este instrumento la luz se refleja en un espejo cóncavo en lugar de ser refractada a través de una lente. Una lente grande tiende a ceder bajo su propio peso, lo que hace que se distorsione la imagen, mientras que un espejo no lo hace. Con lentes o espejos grandes se puede recoger mucha más luz, lo que permite vislumbrar los objetos más tenues. La luz que recogen los telescopios de reflexión actuales suele llevarse a un sensor electrónico o a un registro fotográfico, ya que estos dispositivos tienen una buena respuesta a la cantidad de luz que reciben, mejor que el ojo humano ante el brillo.
Los telescopios de reflexión llamados de Newton son los más utilizados por los aficionados. Su estructura básica consiste en un espejo cóncavo que recoge la luz, que después es desviada hacia un ocular por un espejo secundario. La montura ecuatorial de que suelen disponer sirve para que puedan buscar objetos por el cielo, simplemente girando el eje polar.

TELESCOPIOS CASSEGRAIN

Los telescopios Cassegrain también son de reflexión. En ellos, el espejo secundario presenta una superficie convexa para reflejar la luz hacia atrás, mediante un orificio practicado en el centro del espacio principal, donde se inserta el ocular. Al quedar la trayectoria de la luz vuelta sobre sí misma, en el interior del tubo, conforma una estructura más compacta. Esta disposición proporciona de distancias focales más largas.
Una variante de este tipo de configuración es la llamada de Nasmyth, con la que se vuelve a desviar la luz que se dirige al foco con otro espejo plano y se envía a lo largo del eje de altitud (en los telescopios de montura alto-azimutal); de este modo se pueden construir auténticos observatorios ópticos de gran capacidad a cada lado del eje de altitud.
La configuración de Schmidt consiste en un reflector esférico y una lente correctora para hacer fotografías abarcando gran amplitud.

TELESCOPIOS DE REFRACCIÓN

Tienen una lente principal, el objetivo, que capta y enfoca la luz. Un ocular, en el extremo opuesto del tubo, aumenta la imagen. En ciertos refractores pequeños un prisma sirve para desviar la trayectoria de la luz y así el ocular se sitúa en una posición óptima para la observación. La montura de los telescopios de refracción pequeños suele ser simple, de tipo alto-azimutal que permite mover el telescopio hacia arriba o hacia abajo y girar hacia un lado o hacia otro.

Telescopio Solar Sueco (SST) en ORM, el Observatorio por el Instituto de IAC, en Roque de los Muchachos, en La Palma, Canarias, España, julio de 2012.

Dispositivos de estudio

Estas pinceladas versan sobre algunos dispositivos de los que se usan para entender el Universo y van dedicadas a quienes sienten curiosidad especial por algunas de las tecnologías usadas para el estudio del Universo.

AVANCES TECNOLÓGICOS PARA COMPRENDER EL UNIVERSO

En general se trata de instrumentos para especialistas, pero es interesante saber que existen de todo tipo y que sus técnicas y procesos a veces sirven para mejorar la vida cotidiana de los seres humanos.

Veamos algunos de investigación: los radiotelescopios, los telescopios infrarrojos, los telescopios ultravioletas y los telescopios de rayos X (sobre estos existen además variantes útiles para distintos usos).

LOS RADIOTELESCOPIOS

Los primeros pasos en radioastronomía se dieron en la década de 1940, como consecuencia del enorme desarrollo tecnológico del radar y de las microondas que tuvo lugar durante la Segunda Guerra Mundial; aunque fue antes, en 1931, cuando se detectaron las primeras microondas de origen cósmico.

Los radiotelescopios permiten acceder a una parte no visible del Universo, tan rica y compleja como la parte visible, y su estudio aporta una información enorme para el estudio de las estructuras. La mayor parte son de montura alto-azimutal; solo los que trabajan en longitud de onda muy larga son fijos y el lugar que señalan se controla electrónicamente.

Otros instrumentos que se incluyen en el montaje de los radiotelescopios son similares a los que llevan los telescopios ópticos, incorporando los elementos diferenciadores para el tipo de trabajo que desarrollan; en el espacio también hay funcionando radiotelescopios, por ejemplo el Cobe. Para estudios de núcleos de

Vista panorámica de la meseta de Chajnantor, que abarca 180 grados, muestra las antenas del Atacama Large Millimeter / submilimétrico (ALMA). En el cielo por encima de las antenas, la más brillante «estrella» -a la izquierda de la imagen- es, el planeta Júpiter. Las Gran Nube de Magallanes y la Pequeña también pueden verse claramente en la derecha de la imagen. En el extremo izquierdo de la panorámica, justo a la izquierda de las antenas de primer plano, la mancha alargada es la galaxia de Andrómeda.

Ilustración del observatorio de rayos X Chandra. Chandra es el telescopio de rayos X más sensible jamás construido.

cometas y de planetas se utiliza una modalidad de emisión de radiación del radiotelescopio normal y que mide el retraso en recibir el eco de la radiación que emite el radiotelescopio después de que se produzca su reflexión en un cuerpo del Sistema Solar.

TELESCOPIOS INFRARROJOS

Su construcción es muy delicada, ya que hay que dotarlos de los dispositivos adecuados para evitar que la radiación que emite el propio telescopio (que es infrarroja) sea detectada por él mismo; para ello, lo que se intenta es mantener la temperatura del telescopio siempre baja, y este proceso se suele llevar a cabo con mayor facilidad en las plataformas espaciales.

TELESCOPIOS ULTRAVIOLETAS

Son similares a los ópticos, pero solo funcionan en plataformas espaciales porque la atmósfera terrestre es opaca a la mayor parte de la radiación ultravioleta. Esta radiación es propia de los cuerpos calientes, por eso los telescopios construidos especialmente para captar esta radiación se utilizan para el estudio detallado de las estrellas.

TELESCOPIOS DE RAYOS X

Los telescopios de rayos X se utilizan para focalizar fotones, por ello no son telescopios reflectores comunes, sino que están formados por una serie de tubos encadenados sucesivamente de tal manera que hacen posibles las reflexiones de fotones de manera rasante. También trabajan en estaciones espaciales.

TELESCOPIOS DE FAMA INTERNACIONAL

- **Monte Wilson (2,54 m) Telescopio Hooker.** Lo utilizó Edwin Hubble para estudiar diversos aspectos de las galaxias e intentar conocer el nacimiento del Universo. Estaba a pleno rendimiento en 1917 y durante 30 años fue el más grande del mundo.
- **Monte Palomar (5,08 m) Telescopio Hale.** Sustituyó al anterior en el título del mayor telescopio del mundo. En 1948 funcionaba al máximo de su capacidad, y durante 27 años conservó el título. Durante el siglo XX ayudó a los astrónomos a descubrir más de 100 asteroides.
- **Telescopio espacial Hubble.** Lo puso en órbita la lanzadera Discovery en 1990. Es un «gran fotógrafo» del espacio exterior, orbita la Tierra a una altura aproximada de 600 km, puede realizar observaciones astronómicas de alta precisión, y la atmósfera o la climatología no afectan su fiabilidad. Está contribuyendo a algunos descubrimientos, como probar la existencia de planetas exteriores al Sistema Solar, y también hace trabajos auxiliares para estudiar la naturaleza de la materia oscura.
- **Telescopio Subaru de Hawái.** Es un telescopio japonés de infrarrojos, posiblemente el mayor del mundo. Uno de sus mejores logros es el descubrimiento de galaxias lejanas, a aproximadamente 12,88 millones de años luz de la Tierra.

Satélites artificiales

La tecnología de telecomunicaciones colabora con los astrónomos con la ayuda de los satélites artificiales que se encargan de hacer gran parte del trabajo necesario.

Así es que también gracias a los conocimientos de la astronomía y la astronáutica, podemos ver nuestros programas favoritos de televisión o también las retransmisiones deportivas.
Las antenas parabólicas domésticas se usan para recoger directamente la señal de televisión vía satélite, el buen funcionamiento del «cable invisible» que une nuestro receptor de televisión y el satélite artificial que nos envía la señal depende del buen acoplamiento entre el movimiento orbital del satélite (las vueltas alrededor del planeta) y la rotación de la Tierra. En otras palabras, para recibir una señal con calidad se debe ajustar el tiempo que el satélite del que parte la señal permanece a la «vista» de la estación receptora, que no solo puede ser la televisión de casa, o una gran antena parabólica.
La ciencia sobre la que se apoya esta realización científico-técnica tiene historia, y en realidad se basa en la física de Newton del siglo XVII, que visionarios de la astronáutica del siglo XX como K. Tsiolkovski (1857-1935), H. Potocnik (1892-1929), H. Oberth (1894-1989) en los años 1920, retomaron y desarrollaron.

EJÉRCITO DE SATÉLITES

Por otra parte contamos con un enorme ejército de pequeños ingenios girando alrededor de la Tierra que no solo sirven como satélites de comunicaciones, sino que también proporcionan información valiosa sobre el estado de conservación de nuestro planeta, meteorología, el estado del Sol, y otros muchos asuntos de interés científico, tecnológico y práctico.
Para ello hemos superado el problema práctico inicial de conseguir la elevada velocidad de lanzamiento que se precisa para poner a orbitar una nave. En nuestro planeta, cuyo radio es de 6.378 km, dicha velocidad es de 30.000 km/h, y teniendo en cuenta la tercera ley de Kepler debe invertir aproximadamente 90 minutos en dar una vuelta completa alrededor del planeta. Este tipo de órbitas son muy poco excéntricas, casi circulares (un satélite teórico así muy próximo a la Tierra se denomina grazing satellite).

200 km y 800 km se encuentran en una región de órbitas bajas llamada LEO (Low Earth Orbit). En órbitas más bajas de 200 km no está garantizada la estabilidad por el rozamiento atmosférico.

DÓNDE ESTÁ LA ESTACIÓN ESPACIAL INTERNACIONAL (ISS)

La ISS (International Space Station), o la Estación Espacial Internacional se halla a unos 350 km de altitud en una órbita circular inclinada de 51°. Este laboratorio y centro de estudio espacial está organizado, gestionado y administrado por cooperación internacional. Está permanentemente tripulada por equipos de astronautas e investigadores que pertenecen a las cinco agencias de espacio que participan y que van turnándose.

BASURA ESPACIAL

La ingeniería aeronáutica genera sus propios desechos, bien por el deterioro natural, bien accidentalmente, pero que no son fáciles de eliminar, y este problema requiere la búsqueda de soluciones. Desde que en 1957 comenzó la era espacial, con el Sputnik, y con la sucesiva colocación de satélites alrededor de la Tierra, el número de objetos inservibles orbitando se ha incrementado enormemente y así muchos cuerpos ya en desuso, además de fragmentos perdidos de otros, restos de lanzamientos fallidos van estos desechos forman la basura espacial. En particular hay una zona llamada geoestacionaria superpoblada, y desde la década de los ochenta del siglo pasado los especialistas están trabajando en la solución de estos problemas.

QUÉ PUEDE OCURRIR

El principal peligro estriba en la combinación de varios elementos, entre los cuales la alta velocidad (del orden de 3.600 km/h) de estos restos combinada con el gran número de satélites operativos podría ser el origen de una colisión entre un objeto de desecho y un satélite que está operativo. Este suceso podría traer consecuencias no deseadas, las cuales quizá en ocasiones conllevarían resultados desastrosos.

Lanzaderas

Los cohetes y las lanzaderas espaciales son vehículos dispuestos para preparar los viajes al espacio exterior. Muchas misiones espaciales están diseñadas para hacer uso de cierto tipo de cohete.

El telescopio espacial Hubble, al que debemos una gran cantidad de imágenes de objetos y estructuras espaciales, fue diseñado para lanzarse mediante el transbordador espacial. Las misiones Apolo tuvieron su propio diseño de lanzadera, el cohete Saturno V.

Las lanzaderas o cohetes de puesta en órbita son máquinas de mucha precisión y de gran complejidad técnica. Un aspecto clave es el tipo de propulsión utilizado, y es crucial elegir el más adecuado y viable para cada misión.

EL TRANSBORDADOR ESPACIAL

La idea de construir un transbordador espacial que desarrolló la NASA es de origen práctico-económico. Se trataba de diseñar y fabricar un vehículo reutilizable para hacer viable y rentable el coste. Con el perfeccionamiento de los procesos se pensó en darle variadas aplicaciones, de manera que los ingenieros espaciales deben reducir costes en cada lanzamiento.

El transbordador espacial Atlantis está listo para funcionar en la plataforma de lanzamiento 39A en el Centro Espacial Kennedy de la NASA en Florida.

Los miembros de la tripulación STS-135 se colocan para una fotografía en la plataforma de lanzamiento 39A del Centro Espacial Kennedy de la NASA en Florida.

Si supone un reto tan duro y caro, ¿realmente tiene sentido para la humanidad esta inversión en recursos? La respuesta es afirmativa. En tan solo 15 años a partir del comienzo de la era espacial se puso de manifiesto que el espacio exterior es un «lugar» idóneo para realizar diversas aplicaciones de gran utilidad e interés para la humanidad, pero también directamente desde el espacio para prestar servicios para el buen funcionamiento de nuestro planeta como la observación y detección de recursos terrestres, pero también los observatorios astronómicos espaciales y los laboratorios de investigación científica y técnica que en no pocas ocasiones han llevado a la fabricación de materiales muy interesantes, o el desarrollo de productos químicos como fármacos y además los satélites de comunicaciones, que prestan unos servicios sin los cuales nuestra forma de vida sería casi impensable.

Las razones básicas por las cuales el transporte espacial resulta tan extremadamente caro son fácilmente comprensibles. Por ejemplo, la carga útil hay que acelerarla hasta alcanzar una velocidad mínima de 27.500 km/h; además hay que vencer la fuerza de gravedad que atrae hacia la Tierra el cohete (y eso no hay manera de reducirlo); también hay que vencer el rozamiento de la atmósfera que dificulta enormemente e proceso (pero también es ineludible) así es que las lanzaderas deben ser muy pesadas y de gran potencia, lo que encarece su precio en una proporción muy elevada

TRANSPORTAR SERES HUMANOS

En el proyecto final que llevó a cabo la NASA no solo se uvo en cuenta el ahorro de costes de lanzamiento y la eutilización teledirigida sin tripulación. El objetivo se ımplió y finalmente se decidió que el transbordador uese tripulado y que desempeñara alguna función de nayor alcance; por ejemplo, poner en órbita terrestre a lgunos pasajeros o llevarlos a estaciones espaciales, ambién disponer de un vehículo logístico y de rescate, eparación de satélites en órbita y otras prestaciones. En lefinitiva, un vehículo con más aplicaciones.

La realidad se impuso y el transbordador con todos estos equisitos no llegó a ser totalmente reutilizable. Sin embargo, se consiguió que su etapa orbital fuera eutilizable en su totalidad, y al volver a la superficie errestre aterrizase como un avión gigantesco, mientras que otras partes o módulos cayeran al mar, aunque el lepósito de combustible se perdería y habría que eponerlo en cada ocasión.

El despegue vertical, por el que se optó, tiene unos requerimientos físicos complejos como una potente torre de sustentación en el lanzamiento.

SHUTTLE

Así pues, el transbordador Shuttle consta de los elementos fundamentales, entre ellos el llamado orbitador (con tres motores) que tiene capacidad de aterrizar tras haber pasado en órbita terrestres 15 o 20 días. Es como un avión de 45 m de largo, con capacidad para 150 pasajeros, y una gran bodega de carga.

También contiene un depósito de combustible y comburante no reutilizable y dos cohetes de combustible sólido acoplados al depósito central que son reutilizables, pero no pueden aterrizar y se deben recoger en el océano.

Una vez equipado y listo para el lanzamiento, el transbordador pesa unas 1.835 toneladas.

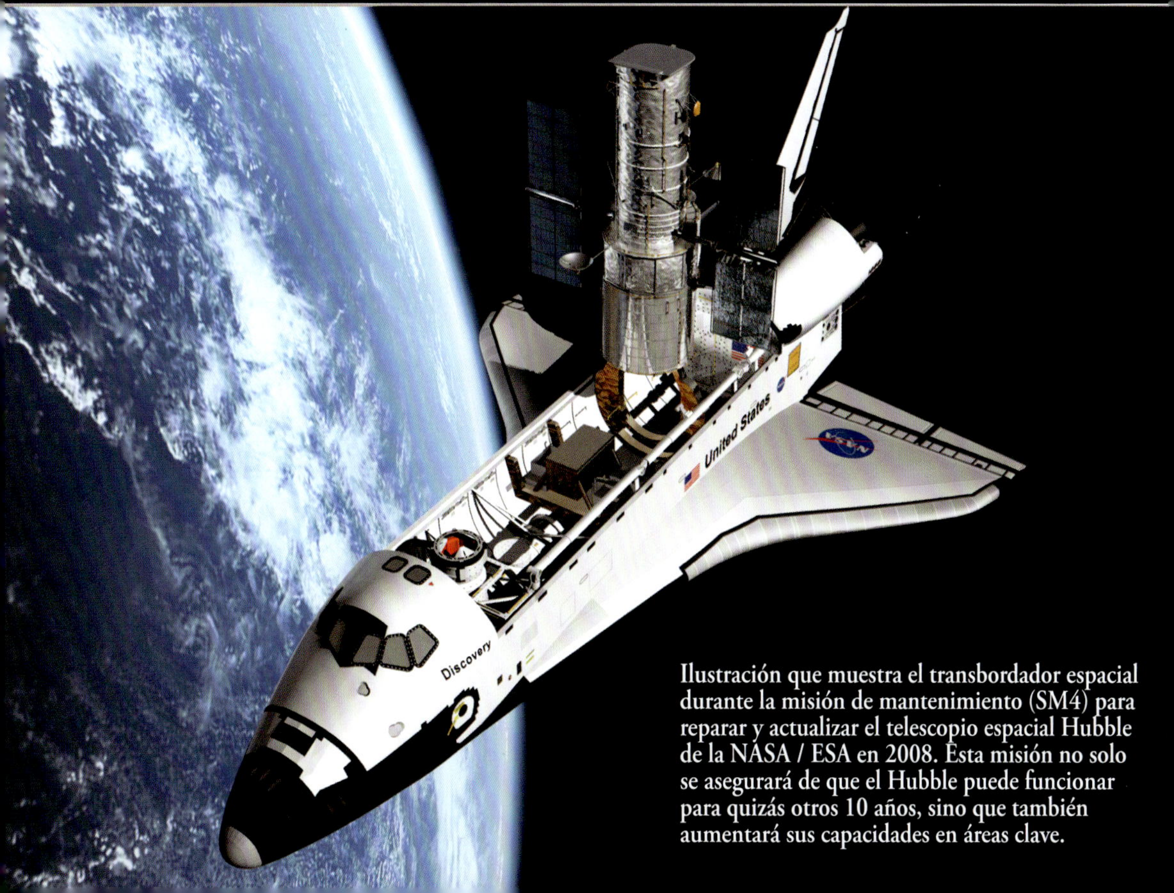

Ilustración que muestra el transbordador espacial durante la misión de mantenimiento (SM4) para reparar y actualizar el telescopio espacial Hubble de la NASA / ESA en 2008. Esta misión no solo se asegurará de que el Hubble puede funcionar para quizás otros 10 años, sino que también aumentará sus capacidades en áreas clave.

Astronomía en la vida cotidiana

Las ambulancias, los aviones y todo tipo de vehículos de interés público y también privado se sirven de este sistema de comunicación, el GPS, que se basa en tecnología astronómica y su desarrollo solo ha sido posible a partir del avance en los conocimientos del Sistema Solar y de la navegación astronómica.

GPS

GPS significa *Global Positioning System* (sistema de posicionamiento global). Conviene explicar que aquí la expresión global significa que se puede conocer cualquier posición que interese en el globo terrestre. Este sistema se puso en funcionamiento por el ejército estadounidense, y está operativo desde los últimos años de la década de 1970, y para todo el mundo desde 1990.

Veamos el funcionamiento y el principio físico en que está basado este sistema de comunicación. Cada uno de los satélites lleva consigo un reloj atómico, en estos relojes de gran precisión cada pulsación está reglada por las frecuencias de las líneas de emisión de algunos átomos, que a intervalos muy regulares emiten señales que dan el instante de la emisión y la posición del satélite. Los 24 satélites del sistema orbitan de tal manera que las señales recibidas en cada posición dependen de las señales emitidas normalmente por cuatro de ellos (tres en una posición conocida con respecto al punto que interesan y un cuarto que da la altitud) se pueden recibir desde cualquier punto de la superficie terrestre. De la diferencia entre el tiempo de emisión y el tiempo de recepción, el dispositivo obtiene la distancia a cada uno de los satélites, tras esto calcula la posición del usuario por el método de triangulación.

PRECISIÓN PARA MEDIR EL TIEMPO

Los relojes atómicos dan la hora con una precisión de nanosegundo (un nanosegundo es la milmillonésima parte de un segundo). Pero este hecho no debe confundirnos: no significa que la diferencia entre el tiempo de emisión y de recepción (que es el que sirve para medir las distancias) se mide con la misma precisión, pues esta diferencia implica varios relojes, uno sobre la Tierra (el del usuario) y los relojes en órbita.

Los satélites Galileo se colocan en órbitas medias, a los 23.222 km de altitud a lo largo de tres planos orbitales.

Primer reloj atómico utilizado por ESO en Chile de Tim de Zeeuw. Este regalo, un reloj que se instaló originalmente en el Observatorio La Silla de ESO en 1975, fue en agradecimiento por los 50 años de exitosa colaboración entre ESO y Chile.

Y aquí es donde aparece la parte más fascinante, la Astronomía relativista; es decir, la Astronomía que se desarrolló a partir de una de las dos teorías más importantes de la física del siglo XX, la Relatividad.
Un satélite de los que se utilizan para el GPS viaja a una velocidad de 14.000 km/h aproximadamente y a una altura de 20.000 km. A esta velocidad, debido a los efectos relativistas, el tiempo se alarga, así es que el «tic-tac» del reloj es más lento, y además a esa altura la gravedad es menor que en la superficie terrestre; en realidad es mucho más débil.
Si estas discrepancias no se pudiesen corregir, al cabo de un día la posición indicada por el GPS diferiría 12 km de la real. Pero el trabajo de corrección de los ingenieros, matemáticos y astrónomos consigue que la precisión que se logra mediante el GPS sea de alrededor de 10 m.
Aquí tenemos una prueba de que nadie vive sin observar el cielo, ni siquiera los que creen vivir de espaldas a él. Ya nadie se orienta por las estrellas, pero lo cierto es que no nos estrellamos o perdemos nuestra ruta porque tenemos un pequeño ejército de satélites alrededor de nuestro planeta que nos ayudan a orientarnos y nos sirven de guía.

OTROS SISTEMAS DE NAVEGACIÓN

Los rusos también tienen puesto en órbita un sistema propio de navegación de este tipo, el GLONASS (sistema orbital global de navegación por satélite). Y la Unión Europea cuenta con el proyecto Galileo. La idea de desarrollar diversos proyectos por una parte sirve para mejorar la tecnología que se va incorporando, y por otra para evitar la dependencia de un solo tipo de proyecto. Se imagina el lector el asombro que sentirían nuestros brillantes antepasados, la alegría de nuestros maestros en el arte de mirar el cielo. Imaginemos por un momento la sorpresa de Einstein al ver que la más abstracta de sus teorías, la Relatividad General, tiene una aplicación práctica (a pesar de que la disfrutemos los ciudadanos comunes, debido a un desarrollo militar, él ya sabía cómo funciona el mundo).
La perplejidad sería aun mayor si pensásemos en los antepasados: en Copérnico, Kepler, Galileo, Newton, los Herschel, Laplace y tantos otros. La Astronomía nos acompaña y nos guía desde el amanecer hasta el anochecer, durante todos los años, meses y días de nuestras vida. Es una ciencia hermosa.

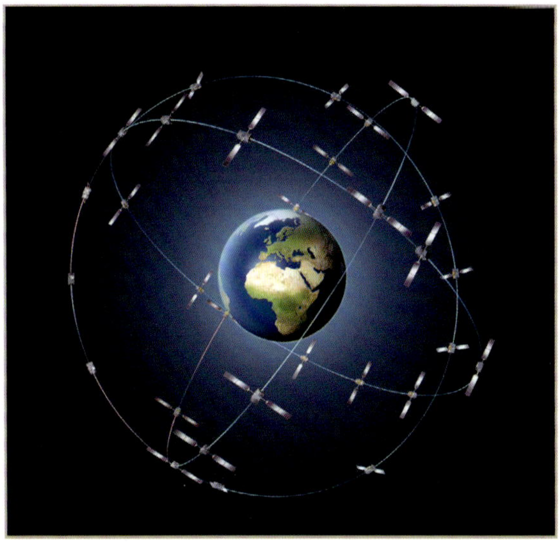

La constelación Galileo completa constará de 30 satélites a lo largo de tres planos orbitales (incluyendo dos de recambio por órbita). El resultado será la cobertura de navegación en todo el mundo.

Estación Espacial Internacional

En el último tercio del siglo pasado comenzaron a construirse estaciones espaciales que se van colocando en órbita terrestre, y el transbordador espacial de la NASA y el Spacelab de la ESA.

Desde que se efectuó el primer viaje a la Luna la idea de viajar y establecernos fuera de nuestro planeta no se ha borrado de la mente de los seres humanos, incluso cuando las vicisitudes planetarias han hecho modificar, ralentizar y abortar algunos de los intentos.
La idea de vuelos tripulados para comprobar si el ser humano podría llegar a vivir y trabajar en el espacio es el origen de las estaciones espaciales.

EL CAMINO HACIA EL ESPACIO SE INICIA

Una estación espacial es un pequeño complejo que sirve de base de operaciones en el espacio exterior. Está pensada con la finalidad de que los seres humanos puedan vivir un poco mejor en el espacio y así desarrollar sus trabajos e investigaciones en mucho mejores condiciones de las sufridas por los primeros navegantes espaciales en las diminutas cápsulas en las que se desplazaban.
Las zonas más adecuadas de la órbita terrestre se hallan a alturas no muy elevadas para reducir todo lo posible el gasto energético.
La ISS (Estación Espacial Internacional) está dando vueltas alrededor de nuestro refugio natural, la Tierra, a una altura de unos 400 km. Los astronautas de la Agencia Espacial Europea, invierten unas seis horas en llegar a su hogar espacial. En la estación suelen trabajar durante seis meses. En el viaje de vuelta suelen invertir algún tiempo menor.
La estación da vueltas muy rápido y es bastante fácil distinguirla durante unos instantes si pasa por encima de nuestra cabeza y tenemos la oportunidad de observarla. Cuando más nítidamente y mejor se puede ver es al amanecer y al atardecer. Da la impresión de que es una nave muy brillante que aparece siempre por el oeste. La velocidad de paso es de 28.800 km/h e invierte 90 minutos en dar un giro completo.

LA VIDA COTIDIANA EN LA ISS

Durante las últimas décadas los astronautas nos pueden contar lo que se siente paseando por el espacio mientras se navega a la velocidad señalada. No se trata de actividades de recreo, como salir a pasear por nuestro lugar paradisiaco preferido, sino que suelen formar parte de su trabajo cotidiano; es decir, que son necesarios para realizar reparaciones, instalar nuevos equipamientos y efectuar experimentos. Quienes controlan el buen funcionamiento y el estado de la estación hablan de miles de horas «paseando» en torno a la estación con esta finalidad.

Una imagen de Mozambique desde la Estación Espacial Internacional tomada por el astronauta de la ESA Tim Peake durante su viaje de seis meses.

TRAJE DE PASEO

Los paseos espaciales requieren un traje que se parece a un esqueleto tipo caparazón o a un mono de trabajo. Entre sus funciones principales está mantener el cuerpo a la temperatura adecuada

Imagen del astronauta de la ESA Tim Peake durante su caminata espacial de 4 horas 43 minutos para reemplazar un regulador de potencia fallida e instalar el cableado.

y al mismo tiempo el astronauta tiene que respirar. Estos trajes se fabrican con varias capas diferentes que permiten el mantenimiento de las constantes vitales que son necesarias e impiden los diferentes tipos de radiación espacial que es dañina para la vida. La presión del oxígeno en el interior de los trajes es inferior a la que hay en la ISS. Así es que los astronautas tienen que pasar por una fase intermedia en una esclusa de adaptación.
Hay al menos dos tipos o modelos de trajes espaciales: uno diseñado por los estadounidenses y otro que fabrican los rusos.
Los paseos espaciales ayudan al astronauta que trabaja en el exterior de la nave mediante un brazo robótico que los ayuda en su desplazamiento y facilitan sus movimientos y además impiden que se queden flotando y se pierdan en el espacio.

UN LABORATORIO ESPACIAL: COLUMBUS

En honor a Cristóbal Colón, la ESA ha construido un laboratorio espacial, que se ha montado en la ISS. El laboratorio tiene forma de módulo cilíndrico que se ajusta adecuadamente en la bodega de carga del transbordador espacial. Como en la Estación Espacial Internacional no hay arriba y abajo, la construcción de los compartimentos diseñados para llevar a cabo los experimentos están diseñados para estos condicionamientos, los trabajos sobre el comportamiento de los fluidos en la ausencia de gravedad o en condiciones de microgravedad, «biolab» compatible con los experimentos sobre pequeños seres vivos y células. En el Fondo Europeo de Fisiología Módulos se trabajan los efectos de los vuelos espaciales de larga duración en el cuerpo humano.
Estos experimentos suponen beneficios de largo alcance a la Tierra, como mejores maneras de limpiar los derrames de petróleo y el perfeccionamiento en la fabricación de metales.

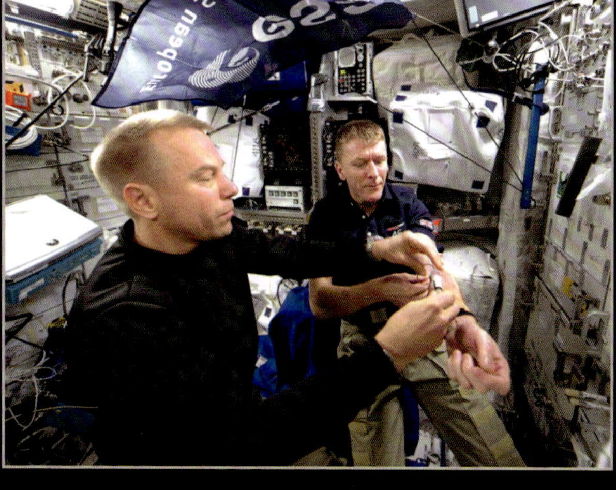

El astronauta de la ESA Tim Peake tomando una muestra de sangre al astronauta de la NASA Tim Kopra en la Estación Espacial Internacional durante su misión de seis

Autopistas espaciales

Los primeros viajes al exterior de nuestro planeta se efectuaron en la segunda mitad el siglo pasado, el programa Apolo (en el que tres astronautas visitaron nuestra Luna en 1961) realizó seis misiones con bastante éxito, pero se cerró en 1972. De nuestro satélite, tenemos centenares de kilos de rocas lunares, y a cambio le dejamos algunos instrumentos científicos.

A su llegada a Mercurio en 2019, los componentes de la nave espacial BepiColombo se separarán. El módulo de transferencia será expulsado al espacio y la nave espacial compuesta, que consta del MPO y del MMO, utilizará los motores de cohetes para entrar en órbita polar alrededor del planeta.

Aunque la idea inicial consistía en crear una base lunar permanentemente habitada, los desarrollos científicos han evolucionado de otra manera; así, el Space Shuttle es una especie de avión espacial que realiza trabajos de transporte para misiones exteriores.

En 1990 una minisonda japonesa, la Hiten volvió a la Luna, ciertamente no para realizar grandes experimentos, sino para estudiar las posibilidades de encontrar nuevas formas para efectuar el viaje, que tenían poco que ver con las que conocíamos de las misiones americanas. El proyecto consistía en intentar encontrar soluciones a situaciones especiales en los estudios del problema de tres cuerpos (por ejemplo el Sol, un planeta y un satélite) para realizar las maniobras correspondientes en la sonda sin utilizar su sistema de propulsión y para ello hay que efectuar una trayectoria que conlleva alejarse de la Tierra a una distancia cuatro veces mayor que la Luna.

El propósito al usar estas trayectorias conocidas como WSB (*Weak Atability Boundary*) es llegar a las posiciones limítrofes de las regiones de influencia gravitatoria del Sol, la Tierra y la Luna.

La idea de alejarse un millón y medio de kilómetros de nuestro planeta para volver a la distancia de la Luna (380.000 km) es una paradoja para nosotros,

Esta imagen fue construida mediante la superposición de imágenes de la cámara avanzada del Hubble de la región de aterrizaje del Apolo 17 en el valle de Taurus-Littrow, tomada el 16 de diciembre de 2005. Fueron tomadas en una luna casi llena, por lo que no se ven las largas y oscuras sombras típicas de muchas fotos orbitales lunares.

costumbrados a viajar usando a menor cantidad posible de combustible como fuente de nergía, para lo cual es necesario realizar el menor recorrido posible, un motivo le reflexión que le debemos a a ciencia astronómica lenominada mecánica celeste. Pero también hay que saber que el hecho de elegir esta misión también significa que se debe realizar una mayor nversión de tiempo en el viaje a nuestro satélite en este caso, es decir, que mientras que las misiones Apolo (directamente dirigidas hacia su objetivo) alcanzaban la Luna en pocos días, Hiten tardó tres meses en legar a la Luna. Fíjese nuestro lector aficionado a las aventuras astronómicas que aquí se trastoca la visión primordial de la realización de tareas cotidianas, como viajes, según nuestro modo de vida terrestre, que conlleva tanto el ahorro energético como el ahorro de tiempo. Pero la WSB al suponer un ahorro energético en forma de combustible a consumir, nos proporciona también un aumento notable de ganancia de carga útil. Esto representa una ventaja muy considerable en un escenario de presencia prolongada de nuestra especie en la Luna, contando con las necesidades humanas de alimento, agua, infraestructuras, etc.

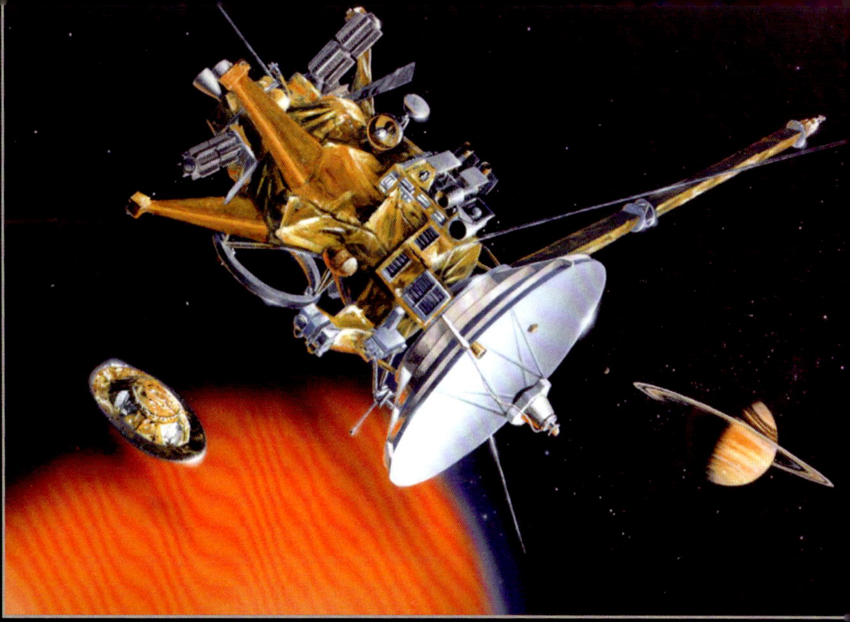

Esta ilustración del orbitador Cassini-Huygens muestra la sonda Huygens que se separa al entrar en la atmósfera de Titán. Después, la sonda se desplaza durante unas tres semanas hasta llegar a su destino, Titán.

DE LAS AUTOPISTAS LOCALES A LAS GRANDES RUTAS (CARRETERAS)

Alcanzar los grandes planetas es un proceso bastante más complicado que visitar nuestro compañero de viaje, la Luna. La accesibilidad de estos cuerpos siguiendo las estrategias clásicas requiere un valor muy alto de un parámetro físico que se denomina «accesibilidad de los cuerpos celestes»; es decir, que mide la mayor o menor facilidad que tenemos para abordar un planeta. Para ello es necesario efectuar una gran cantidad de procesos de asistencia gravitacional (que consisten en empujones y aceleraciones de los cuerpos que la reciben) y un largo vagabundeo por el espacio interestelar, con acercamientos a Venus, la Tierra, etc.

Existen algunos ejemplos clásicos de estas transferencias, y muchos consideran a las trayectorias que se realizan entre los diversos planetas para conseguir asistencias gravitacionales una clase de supercarreteras espaciales que facilitan la viabilidad de la aproximación a los distintos cuerpos del Sistema Solar. Este tipo de acercamientos a los planetas se asemejan a una especie de billar cósmico.

Hay algunos ejemplos interesantes, como la sonda Cassini, que realizó la secuencia de asistencia gravitacional siguiente: Tierra-Venus, Venus-Júpiter.

Si echamos un vistazo a los paseos por el Sistema Solar, se cita el viaje al cometa 67P/Churyumov-Guerasimenko de la sonda Rosetta, que es un ejemplo de este tipo de rutas promocionadas por asistencias gravitacionales (fue enviada al espacio por la ESA (2004) para orbitar este cometa que se hizo célebre, sobre todo durante los años 2014-2015, que es cuando alcanzó su propósito, el 12 de noviembre de 2014 un módulo de aterrizaje (*lander*) se posó sobre la superficie del cometa, de las sucesivas peripecias de la sonda y su *lander* hay cumplidas notificaciones de prensa.

Viajes lejanos

Vamos a ver un poco de historia de las Voyager. A principios de 1960, científicos que diseñaban proyectos espaciales viables para el futuro, habían previsto que en el siguiente decenio los grandes planetas, Júpiter, Saturno, Urano y Neptuno, se situarían de tal manera que serviría para diseñar una excursión espacial.

Esta ilustración muestra ls nave espacial Voyager 1 de la NASA que entra en el espacio interestelar. Este espacio está dominado por el plasma o gas ionizado (se muestra con un tono naranja), que fue expulsado por la muerte de estrellas cercanas gigantes hace millones de años.

Esta disposición orbital desaparecería en la década de 1970, otra localización similar tendrá lugar 176 años después. Un proyecto de envergadura implica a varias generaciones en muchas ocasiones y especialmente en Astronomía.

El desafío más interesante era conseguir que un vehículo lograra la velocidad necesaria para alcanzar los cuatro planetas gigantes mientras mantenían esta posición.

La primera idea para esta visita cuádruple implicaba construir un cohete gigante, que lograra acelerar una sonda espacial hasta alcanzar la velocidad mínima necesaria para tocar los cuatro «puertos» mientras permanecían estos en esta posición que permitiría ir de uno a otro impulsándose mediante pequeños saltos.

La idea brillante consistía en usar el campo gravitatorio (asistencia gravitacional con el que ya estamos familiarizados) de un planeta para «lanzar» la sonda, de una manera similar a como una honda propulsa una piedra; de este modo varios planetas ayudarían a proyectar la nave. Por primera vez se pensó en la posibilidad real de llegar hasta Plutón e incluso a la frontera de la región de influencia solar.

La sonda Mariner 10 había usado este efecto del empujón gravitacional de Venus para alcanzar a Mercurio. ¿Por qué no aprovechar el gran suministro de energía proporcionado por Júpiter, para continuar el viaje e ir «repostando» en las siguientes etapas con la ayuda de los sucesivos empujones para llegar al último puerto?

Pero no era el único problema, otro era la fuente de alimentación del instrumental a bordo, pues mientras que si la excursión se aproximara al Sol, como en los viajes a los planetas interiores, el suministro de energía estaría garantizado, ya que la emisión de fotones de la estrella cubre todas las necesidades de consumo eléctrico (mediante paneles fotovoltaicos), el problema surgía cuando la idea implicaba alejarse. De las soluciones diseñadas, la de llenar las naves de baterías para tener repuesto durante una década

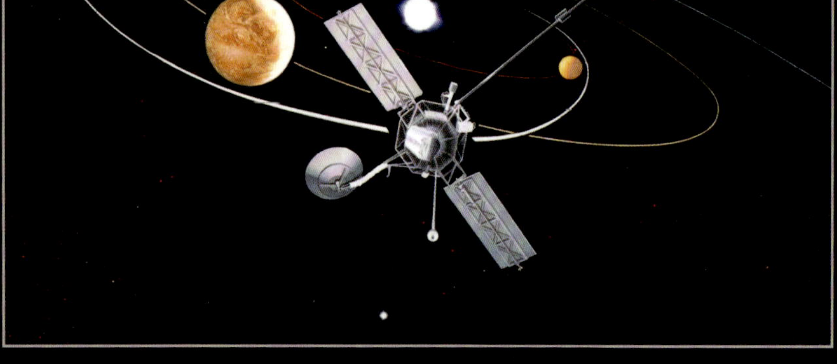

Ilustración que representa la misión de la nave Mariner 10.

era un poco «pesada», otras soluciones implicaban transportar un reactor nuclear.

Pero había muchos otros problemas, por ejemplo tomar fotografías lejos del Sol, (con poca luz) también el envío de señales a la Tierra, ya que tampoco servían los diseños hechos para los viajes a los planetas interiores.

La fecha mejor para el encuentro de planetas era 1979 y las condiciones óptimas persistirían diez años más. Una vez resueltos los problemas de Física y de navegación, quedaba construir la nave (el *hardware*).

El diseño resultó casi perfecto pero faltaba llevarlo a cabo. Los reactores cilíndricos de plutonio estaban diseñados para no perder más del 2% de su carga de partida, cada año, así preparados podrían permanecer operativos durante 50 años.

En cuanto a los equipos informáticos consistían en cinco computadores: tres principales y dos secundarios. Antes de comenzar cualquier maniobra los tres ordenadores principales debían concordar, y en caso de discrepancia intervenían los secundarios.

También había que lograr que el sistema estuviera capacitado para comunicarse con la Tierra, y se desarrolló un equipo que podía transmitir casi en tiempo real gran cantidad de datos planetarios: campos magnéticos, composición de la atmósfera y toda suerte de fotos. Las fechas idóneas para efectuar el despegue con éxito para alcanzar el objetivo que se denominan «ventana de lanzamiento» eran suficientes. Y además tenía a su disposición los cálculos de miles de trayectorias posibles.

Tras muchas vicisitudes el proyecto fue recogido y completado por la NASA, que envió dos sondas las Voyager 1 y Voyager 2 (el 5 y el 20 de agosto de 1977, Cabo Cañaveral) en la llamada Voyager Interstellar Mission (VIM), pretendiendo llegar a las fronteras más externas del Sistema Solar, la heliopausa.

Desde su lanzamiento las Voyager continúan su viaje, ya están más alejadas de la Tierra y del Sol que Plutón. En 2012, la Voyager 1 se internó por el espacio interestelar, se espera obtener más información con la Voyager 2. La exploración de Júpiter y Saturno sobre el vulcanismo de los satélites jovianos, y la estructura de los anillos de Saturno. Voyager 2 completa información sobre Urano y Neptuno. En febrero de 2015, la Voyager 1 se hallaba a 130,5 UA del Sol (se escapa del sistema a una velocidad 3,6 UA/año) y la Voyager 2, que estaba a 107 UA, viaja a 3,3 UA/año. Las Voyager irán pasando entre nuestras estrellas más queridas, y quizá vaguen eternamente por la Vía Láctea.

PARA SABER MÁS

Feynman, R.: «La conferencia perdida de Feynman. El movimiento de los planetas alrededor del Sol». (David L. Goodstein y Judith R. Goodstein, eds.). Metatemas. Tusquets editores. 2.ª ed., 2008.

Poincaré, H.: «Les méthodes nouvelles de la mécanique céleste». Gauthier-Villars et fils, 1899 (reprint Dover 1957)

Siegel, C. L.; Moser, J. K.; Kalme, Ch.J.: «Lectures on Celestial Mechanics». Springer